図解まるわかり

5Gのしくみ

5th Generation

飯盛英二／田原幹雄／中村隆治［著］

会員特典について

本書の読者特典として、本文に掲載した図の中から、周波数の割り当て状況などの色付きの図や第4章の「やってみよう」に関連した正距方位図などを提供します。下記の方法で入手し、さらなる学習にお役立てください。

会員特典の入手方法

❶以下のWebサイトにアクセスしてください。

URL https://www.shoeisha.co.jp/book/present/9784798166551

❷画面に従って必要事項を入力してください（無料の会員登録が必要です）。

❸表示されるリンクをクリックし、ダウンロードしてください。

※会員特典データのダウンロードには、SHOEISHA iD（翔泳社が運営する無料の会員制度）への会員登録が必要です。詳しくは、Webサイトをご覧ください。

※会員特典データの提供は予告なく終了することがあります。予めご了承ください。

はじめに

日本でも2020年に5G（第5世代移動体通信システム）の商用サービスがいよいよ始まりました。

5Gの登場により、私たちの生活スタイルやビジネスモデルが大きく変わることが期待されていますが、5Gがどのような技術によって支えられていて、これまでの通信システムと何が違って、どのように私たちの生活や既存のビジネスに変化をもたらすのか想像できない方も多いと思います。

特に5Gでは、通信事業者に依存せずに小規模な5Gネットワークを構築するローカル5Gという活用方法があります。ローカル5Gを活用することで工場や地域のさまざまなサービスを大きく変えることが期待されており、ビジネスチャンスにもなっています。

本書では、次のような方を読者として想定しています。

- 移動体通信の基本的なしくみを知りたい方
- 5Gを支える新しい技術に興味がある方
- ローカル5Gの動向を知りたい方
- 5Gを使った新しいビジネスの事例に関心のある方

第1章から第4章では移動体通信の基礎的なしくみを解説、第5章と第6章で最新の5Gスマートフォンに搭載されている新しい技術を紹介、第7章では5Gによってビジネスや産業、身の回りの生活にどのような変化をもたらすかを説明し、第8章ではローカル5Gについて解説しています。なお、5Gのスマートフォンに興味のある読者は第5章から読み始めていただくこともできる構成になっています。

本書では、5Gを支える技術を、企業家や企画担当、営業といったエンジニア以外のビジネスパーソンや、新しいことや最新の技術に興味のある学生にも理解できるようにやさしく解説しています。

多くの方に5Gのしくみを理解していただくことで、5Gを活用してより豊かな社会を築き上げていくお手伝いができればと願っています。

目次

第1章

5Gって何？

～移動通信技術の発展と5Gの位置づけ、その役割～

我が家に5Gがやってくる

「もしもし」「はいはい」からスマートフォンまで

5Gの通信サービス提供が始まりました。携帯電話は、「もしもし、はいはい」と音声通話する通信サービスから始まり、技術の発展に応じて文字や写真、動画の伝送ができるようになり、今では手のひらの上で世界中にあふれる情報の数々を手に入れたり、自分自身も世界中に手軽に情報を発信したりすることが可能になりました。スマートフォンは、人が情報を受け取ったり発信したりする道具のひとつの完成形といっても過言ではないかもしれません※1。

「モノ」がしゃべり出す

5Gの時代には、これまで何十秒もかかっていた2時間分の動画ファイルのダウンロードが3秒でできるほどの超高速通信が可能になりますが、それに加えて**「モノがモノとしゃべり出す」時代が本格的に到来する**といわれています（図1-1)。「モノのしゃべり方」に適した技術を利用場面に応じて適用可能にすることで、多数のモノと通信との面倒を同時に見たり、モノとモノ、モノと人との情報のやりとりをとても確実に、あるいは、非常に短い時間で行ったりするようなしくみが導入されています。

「5G」の正しい使い倒し方

5Gの「超高速通信」も、「モノがしゃべる」しくみも、私たちひとりひとりの豊かな社会生活のためのものです。5Gはとても高度で便利な技術ですが、**私たちがその便利な技術に「使われる」のではなく、技術の素性をある程度知ったうえで適切に「使いこなす」こと**が重要です。

社会課題の解決に役立つ高度な技術を宝の持ち腐れにしたり、あるいは弊害をもたらしたりすることのないよう、本書で技術的なしくみの説明を通して、5Gを正しく使い倒すための手がかりを提供できればと思います。

※1 以降、本書では、図1-1に示すような多機能携帯電話機とスマートフォンをあわせて「携帯電話機」と表記します。

図1-1 「携帯電話」の発展と多様化

Point

- 5Gは、私たちの生活の中で通信手段として意識されることなく便利に使われる場面が広がっていく
- 私たちが便利な5Gに「使われる」のではなく、それを適切に「使いこなす」ことが求められる
- 5Gのしくみと技術的な素性の理解を手がかりに正しく5Gを使い倒そう

5Gで何ができるのか?

モノとモノの通信

携帯電話は、通話やSNSなど、人が通信を行うための手段として、効率的で高速な通信を提供することで豊かな社会生活を提供しています。

5Gでは、これに加えて高度で経済的な通信技術をモノとモノをつなぐ通信にも活用できるしくみが用意されています。とてもたくさんの機械やセンサーの間を経済的な通信手段で結び、安心・安全・快適のための高信頼な通信手段の提供も可能です。工場での産業利用や社会基盤監視、公共分野での利用など、**利用シーンに応じてシステムの「衣替え」(通信機能の切替え)や「重ね着」(通信能力の増設)ができる工夫**が用意されています。

5Gには、単なる通信手段の枠を超え、私たちの暮らす実際の社会と、デジタルデータの流通・処理を行う目には見えないデータ空間を安全・確実・効率的に橋渡しするとても重要な役割が期待されています(図1-2)。

「みんなで使う高度な通信技術」

私たちが毎日使っているスマートフォンは、高度な半導体技術を駆使して非常に大量の情報を短い時間で処理できる手のひらサイズの超高性能端末です。また、スマートフォンが通信する通信事業者の通信網システムも、とても複雑で高度な通信技術と運用体制の結晶です。

これらの端末や設備の開発・製造、設置、維持、管理には膨大な手間と費用、技量が必要ですが、図1-3に示すように、世界中で80億人ものたくさんの人が「割り勘」で利用しているため、私たちひとりひとりはとても高度な共通の通信技術を合理的な対価で購入・利用できるのです。

新しい分野に5Gの最新技術を利用する際にも、この「恩恵」のしくみを活かして、**世界共通の技術を適用していくこと**がポイントです。そのためには、高度な5Gの技術を世界の市場と広く共用しながら、私たちの生活や社会に合った方法で使いこなしていくことがとても重要になります。

図1-2　「5G」の役割

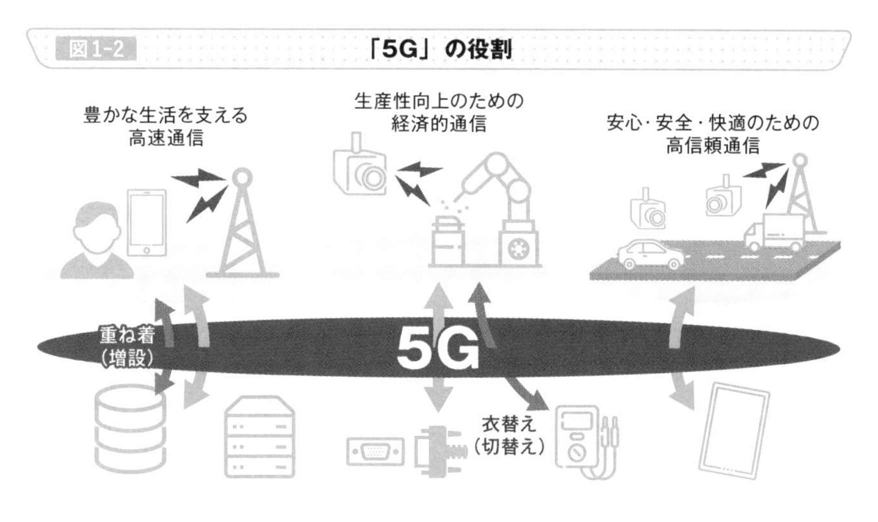

図1-3　携帯電話の契約数（全世界）

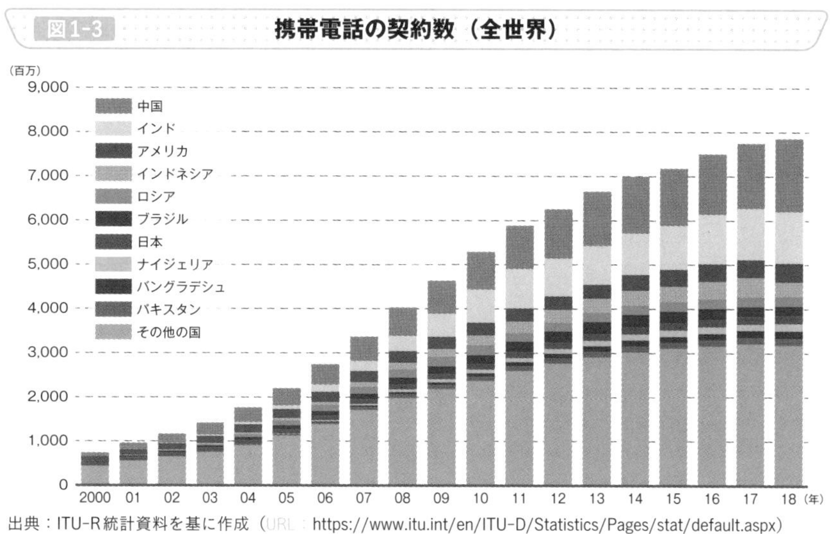

出典：ITU-R統計資料を基に作成（URL：https://www.itu.int/en/ITU-D/Statistics/Pages/stat/default.aspx）

Point

- 5Gは、スマートフォンを使った「高速通信」に加えて、「多数の機械をつなぐ通信」、「高信頼で短時間応答可能な通信」を提供
- 高度な通信技術の核心部分は共通。利用場面に応じて「衣替え」、「重ね着」ができる
- 世界共通の高度な通信技術を「割り勘」で利用することがポイント

今のスマートフォンじゃいけないの？

高速なのはいいことだ

その昔「大きいことはいいことだ！」という印象的なお菓子の宣伝文句がありました（古い話ですみません）。これを携帯電話の伝送速度のスローガンに直せば、さしずめ「高速なのはいいことだ！」といったところです。

図1-4は、いろいろな大きさのファイルをダウンロードするのに必要な時間を示しています。2G、3G、4G、5Gは、それぞれ第2世代から第5世代の携帯電話システムにおける理論上の最大伝送速度（下り方向）に対応するおおよその範囲を示しています。グラフの横軸と縦軸はひと目盛りごとに伝送速度とダウンロードが10倍ずつ増える対数目盛りになっています。

「約2時間分の動画」の場合、伝送速度12.2kbps※2時代ではダウンロードに1カ月以上必要でしたが、4Gの数百Mbps※3では数十秒から数分、5Gが提供する20Gbps※4であればわずか3秒になります※5。

スマートフォンを使うときに、何かの操作をした後のダウンロードの待ち時間が数秒を超えると使いにくいと感じるのではないでしょうか。4Gのスマートフォンは今後も広く利用可能ですが、数秒で使える**5Gの高速技術の便利さが認識されるに従って、5Gへの移行が進んでいく**と考えられます。

「太い」ほうが「速い」

「速いことはいいことだ」と述べましたが、タンクの水を管から排出するのと同じで、伝送速度を「速く」するには伝送路を「太く」することが必要になります（図1-5）。

次節以降では、5Gに向かって、どのように伝送路を「太く」する取り組みが行われてきたかを振り返ってみたいと思います。

※2　1秒当たり12,200桁の2進数（1と0で表した数）を伝送できる速度。
※3　毎秒数億桁～10億桁に近い2進数（1と0で表した数）を伝送できる速度。
※4　1秒当たり200億桁の2進数が伝送できる速度。
※5　実際の携帯電話システムでは伝送路の条件などによって正味の伝送速度が目減りする場合があります。

図1-4 伝送速度高速化の恩恵

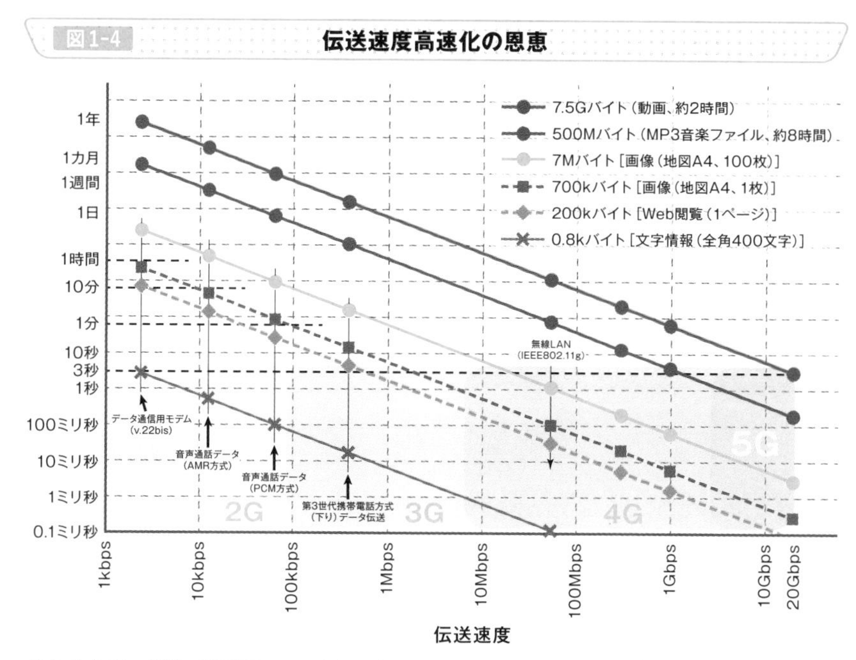

出典:「デジタル革新の利用場面と5G」富士通（総務省5G利活用セミナー、2019年6月）

図1-5 「太い」ほうが「速い」

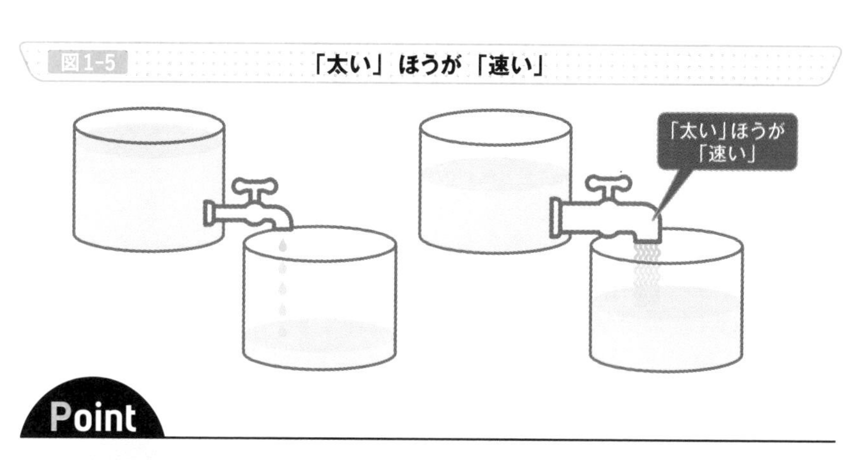

Point

- 「高速なのはいいことだ」。ダウンロード時間が数秒以下になると、そのサービスは広く使われて普及する傾向がある
- 「約2時間分の動画」は4Gでは数分掛けてダウンロードしているが、5Gになるとわずか3秒で済んでしまう
- 伝送路が「太い」ほうが「速い」

5Gへの歩み

5代目の役割

5Gの名前は「第5世代」を意味する“The fifth Generation”に由来します。「第5世代」なので「5代目」に当たります。携帯電話はほぼ10年ごとに技術的な世代替わり（通信システムの進歩）が行われてきています。

各世代で積み重ねられた技術の進歩やシステムの発展は次の世代に受け継がれながら一層の発展をする構図です。各世代に特徴的なしくみについては、この後の節でいくつか例を挙げて説明しますが、全体としては社会（市場）が技術を使うことで新たな需要（使い方）が生まれ、それが次の世代に向けた技術の進歩を促すという好循環が生まれ、後から振り返るとそのときどきの市場の要請に応える形で技術が進歩して携帯電話システムが発展してきています（図1-6）。

そうした携帯電話の発展の中に位置づけたとき、「4代目」で爆発的に普及したスマートフォンが手のひらに載る「**運べるインターネット**」※6であったとすれば、「5代目」は利用できる価値により重心のある「**多様なサービスへのいつでも扉**」が市場から期待されている重要な役割と考えられます。

「右肩上がり」で増えるもの

図1-7は、国内の携帯電話契約者数の推移です。携帯電話の世代が進むにつれて加入者数が右肩上がりに増加して、いまや国民1人当たりで1.4台の携帯電話を所有しています。図の中の青色と灰色の線は、携帯電話を含む移動通信システム全体でやりとりされる情報の量を示す「トラフィック」を表しています。

第3世代システムの提供が始まった2000年代初頭から移動通信システムの通信量も右肩上がりで、直近の月間総トラフィックは1,000Tバイト、1契約当たりの月間の通信量（ダウンロード方向）は4Gバイトにもなります※7。

※6 スマートフォンが登場する前は、インターネットはパソコン経由で使うのが当たり前でした。
※7 1G（ギガ）バイト、1T（テラ）バイトは、SI接頭辞という単位系で、それぞれ10^9バイトと10^{12}バイトです。

図1-6 市場の要請と移動通信方式の進化

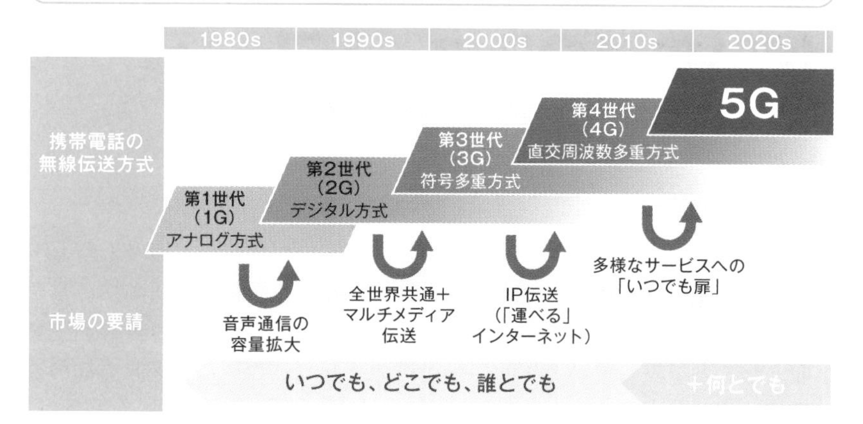

図1-7 国内の移動通信契約数、月間総トラフィック、1契約当たりのトラフィックの推移

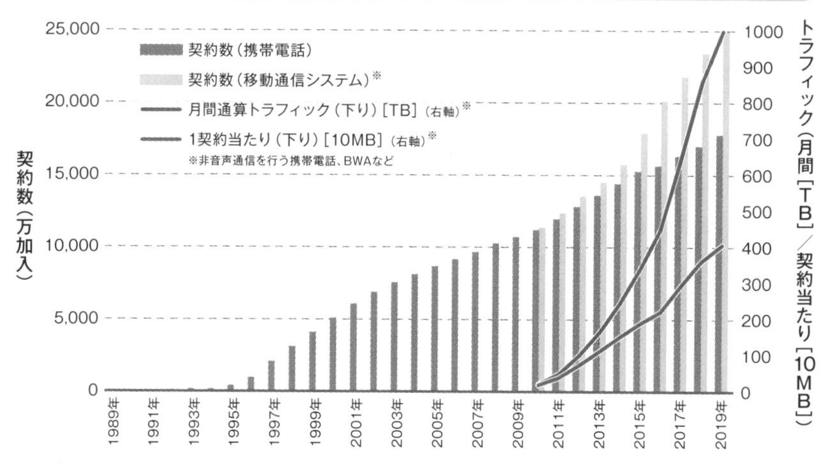

出典:「携帯・PHSの加入契約数の推移(単純合算)(令和2年3月末時点)」(URL:https://www.soumu.go.jp/johotsusintokei/field/tsuushin02.html)、「我が国の移動通信トラヒックの現状」(URL:https://www.soumu.go.jp/johotsusintokei/field/tsuushin06.html)(いずれも総務省情報通信統計データベース)から作成

Point

- スマートフォンが大ブレークした「4代目」は、手のひらで運べるインターネット
- 5G(「5代目」はいろいろなサービスへの「いつでも扉」)
- 携帯電話(移動通信システム)は契約者数も通信量も右肩上がり

使い放題のスマートフォン

果てしない願望

前節で解説した通信トラフィック（通信量）について、もう少し詳しく見てみましょう。図1-8は、国内の通信トラフィックにおける年次の推移を示したグラフです。縦軸は対数目盛りで、ひと目盛りで10倍の通信量が増えたことを表しています。移動通信の下り（ダウンロード）方向の通信量は、直近の5年で4倍になっています。これは年利率33％の複利（2年半で倍増）に相当するとんでもなく大きい増加率です※8。

「使い放題のスマートフォン」を求める通信需要に応えるのは携帯電話システムにとって喫緊の課題であり、飛躍的に高い通信能力が提供可能となる5Gを導入・展開していくことがその解決策のひとつになります。

「量」だけではなく「質」も変わる

通信量の増大に応えることも重要ですが、5G時代には**通信トラフィックの「質」も大きく変わる**といわれています。

図1-9には移動通信のトラフィックに加えて、固定通信（固定の通信回線を使ったインターネット利用など）のトラフィックも示しています。

従来の固定トラフィックの一部は、手軽に使える移動通信に移ることも想定されますが、5Gになると、人が使っていたときの従来型の通信トラフィックに加えて、膨大な量のモノとモノ、モノと人との通信（**1-1**参照）が加わることから、通信トラフィックの振る舞いも大きく変貌するものと想定されています。

具体的には、通信需要が急激に増える時間帯や場所の分布が変わったり、従来の文字情報や音声・画像情報など、人に伝えるための情報に加えて、機械が高速・安全に動作するために短時間、あるいは高い信頼性で間違いなく伝送したりすることが重要になるなど、求められる通信の品質も大きく変わることが想定されています。5Gには、この新しいトラフィックに対応するための機能も用意されています。

※8 固定回線のトラフィック（2020年5月分まで記載）は、COVIT-19感染防止策による在宅時間の増加などの影響で、前年同月比5〜6割増という空前の大幅増加となっています。携帯電話のトラフィック（2020年3月分まで記載）とともに、今後の推移が注目されます。

図1-8 通信トラフィックの推移

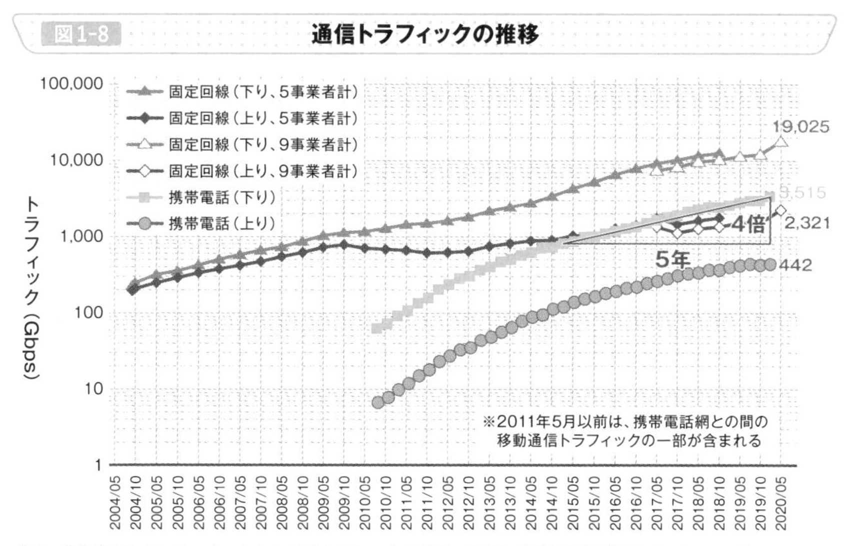

出典：「我が国のインターネットにおけるトラヒックの集計・試算」（総務省情報通信データベース）
（URL：https://www.soumu.go.jp/johotsusintokei/field/tsuushin06.html）

図1-9 通信トラフィックの量的増大と質的拡大

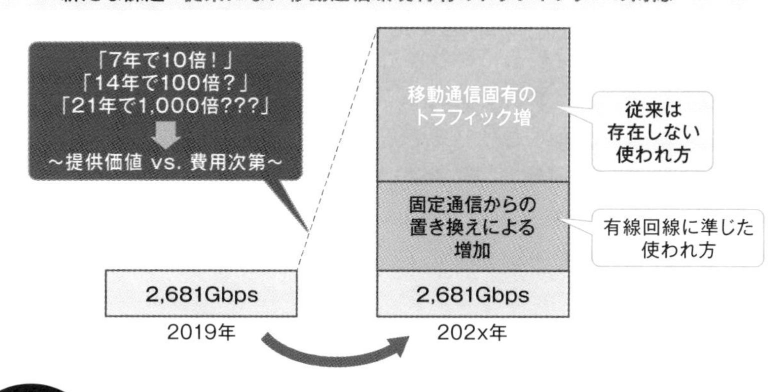

Point

- 移動通信の通信量の増加は「半端ない」
- 通信の「量」の増大だけでなく、「質」も変貌し、多様化する
- 喫緊の課題に応えるためには、5Gの導入・活用が有効

初代は洗練されたアナログ・エリート（第1世代システム）

「いつでも、どこでも」電話の始まり

5Gで使われている携帯電話のさまざまな技術は、多くが第1世代から脈々と継承・発展してきたもので、携帯電話のしくみの基本はこの時代に考案されました。5Gの全体像をお伝えするために、少し遠回りして「ご先祖さま」から受け継いだものを順に振り返ってみようと思います。

初代の方式は、アナログ変調（伝えたい電気信号の波形をそのまま伝送する方式）を使っていたことからアナログ方式とも呼ばれます。当時は電子部品が大型で重く、大きな電源容量も必要だったため、**自動車に機器を搭載して利用しました**。「高級品」のシステムだったので、限られた人が利用する「洗練されたエリート」感が満載のデビューでした。

通話を「バトンタッチ」する

「移動しながら電話する」という使い方は、当時としては画期的でした。電話機は電話網と接続している直近の基地局と電波で音声通信を行い、電波が届かない場所に移動したら（しそうになったら）、隣の基地局に通話している電話機ごと（通話している人が気づかないくらいの短時間で自動的に）「バトンタッチ」していく方式が採用されました（図1-10）。

このように、基地局ごとに分担する領域を面的に小分けにして通信するしくみのことを生物の細胞構造になぞらえてセルラー方式、バトンタッチのことをハンドオーバと呼びます。

電話してなくても移動したら「のろし」を上げる

通話を始める前に、電話機がどこの基地局と通信可能かを知る必要があります。このため、電話機は通話していないときにもいつも基地局の電波を探していて、新しい基地局を見つけると「**のろし**」のように合図を送って自分の居場所を通知するしくみが設けられていました（図1-11）。

図1-10 「ハンドオーバ」のしくみ

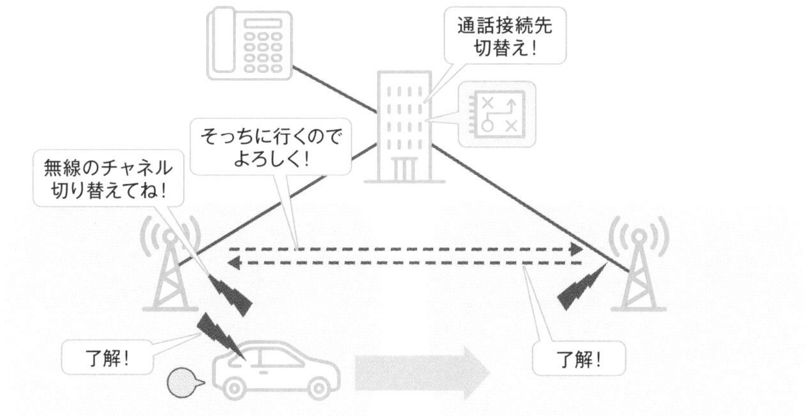

通話接続先切替え！
そっちに行くのでよろしく！
無線のチャネル切り替えてね！
了解！
了解！

図1-11 自分の位置を知らせるしくみ

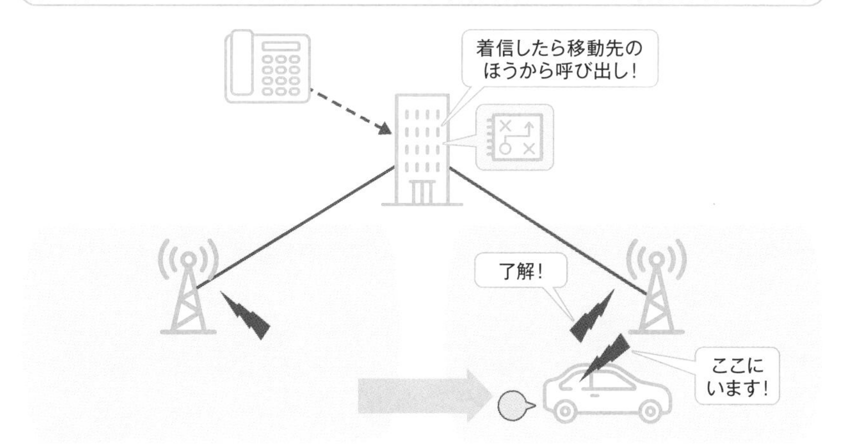

Point

- 最初は自動車に搭載した「移動式電話」から始まった
- 通信する領域をたくさんの基地局で小分けに分担する「セルラー方式」
- 「移動しながら電話する」ために、通信の「バトンタッチ」や「のろし」を使った現在位置の通知のしくみが使われた

2代目は鋭いデジタル気質（第2世代システム）

「いつでも、どこでも」そして「誰とでも」の電話

「移動しながら電話」の便利な点が認識されると、もっと便利に手軽に「移動電話」を使いたいという要望が増えていきました。そのような時代背景の中、進歩した小型・軽量部品とデジタル技術を駆使した「2代目」が登場します。

「デジタル」にして通信する

デジタル技術を使った通信で音声や画像などの情報を伝送する場合には、それらをいったん、**文字の集まり（符号）に置き換えて表現します。**

「文字」は、あるルールで受信する側と共有されている記号の集まりで、いったん「文字」に変換してしまえば、さらに新しい規則を適用して文字の伝え方を細工することが可能です。例えば文字を「早読み」して短時間で伝送（圧縮）し、聞いたほうが元の速さで「読み上げ直し」することもできます。「早読み」する分だけ明瞭で大きな声が必要ですが、直後の「隙間」に別の文字を「早読み」して多くの文字を伝えることができます。

「デジタルトンネル」で効率的に運ぶ

アナログ伝送を使う第1世代システムでは、3つの情報（自動車）が「壁（伝送路）」を「通過」するためには、3つの別々の「通信路トンネル」を掘って用意する必要がありました（図1-12）※9。

デジタル伝送を使う第2世代では、情報を入口で長さ方向に圧縮（早読み）し、「隙間」に別の情報の「早読み」結果を隙間なく並べて、出口で情報を伸長（読み直し）して復元します（図1-13）※10。

個別にトンネルを用意する必要がなく、**少し大きめの「デジタルトンネル」を共同利用することで、全体で効率的な伝送を可能にしています。**

※9 別々の「通話路トンネル」は、実際の通信では周波数軸上で分割された別々の通信チャネルに相当します。このような多重方式を周波数分割多重（FDM：Frequency Division Multiplexing）と呼びます。

※10 1つの太い「通話路トンネル」（広い周波数軸上の通信チャネル）を時間で分割して利用することから、このような多重方式を時分割多重（TDM：Time Division Multiplexing）と呼びます。

図1-12 それぞれの狭い「アナログトンネル」を通る

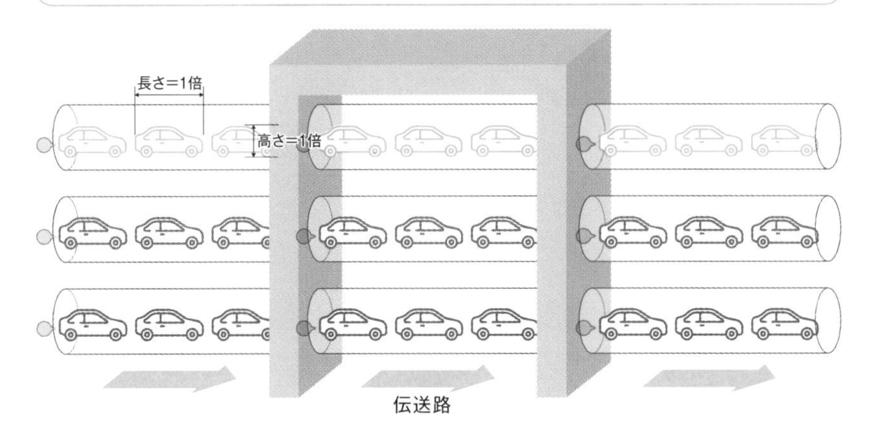

図1-13 太くて広い「デジタルトンネル」を共用して通る

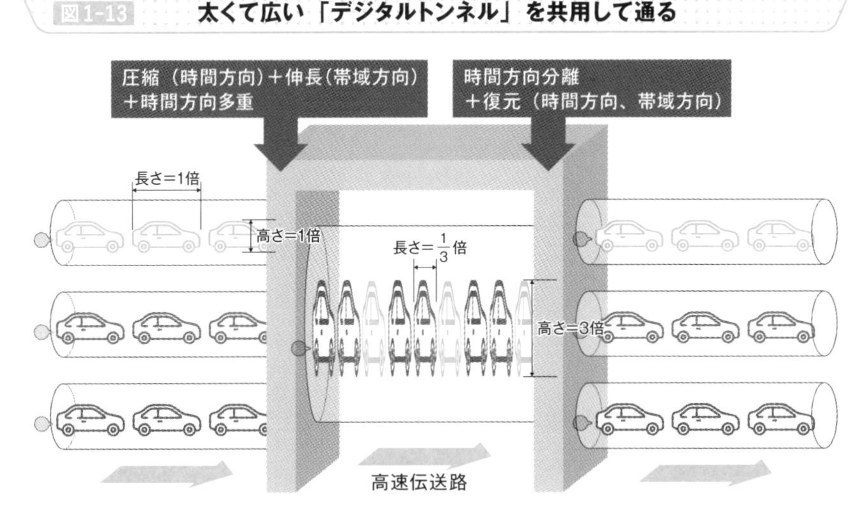

Point

- 「デジタル技術」を使った通信では、音声や画像の情報をいったん、文字の集まり（符号）で表現して伝送する
- 第2世代システムは、太くて広い「デジタル伝送路（トンネル）」に複数の信号を圧縮して通すことで効率的な伝送を実現する

3代目はマルチメディアな国際人（第3世代システム）

もっともっと安く、便利に

「デジタル技術」がさらに進展すると、よりたくさんの情報を並べて伝送できるようになって「もっと安く、もっと便利に」の効率化が可能になります。一方で、短い時間で「早読み」するほどに大きな声（太いデジタルトンネル）が必要になります。実は、この「トンネルの太さ」は無線通信に必要となる無線周波数の「広さ（幅）」に当たるため、有限な「太さ」のパイプにたくさんの情報を詰め込んで伝送する工夫がさらに進みます。

紙面を節約するには？

紙に文字を書いて情報を伝えるときに、紙面節約のために重ね書きすると判読できずに情報そのものを伝えることができません（図1-14）。

そこで、**2つの文章を違う色（例えば青とグレー）で重ねて印刷し、読むときに青色かグレーの半透明フィルムを重ねてみる**と、フィルムと違う色の文章だけをスラスラと読むことができます。本のページ数が半分で済むので、本棚のスペース（周波数の幅）を節約できます（図1-15）。

第３世代以降のシステムでは、デジタル技術を使って同じようにいろいろな種類の文字（情報）を「色付け」したうえで重ねて送り、受信側で不要な情報を隠して（必要な情報だけを取り出して）取り出す符号多重伝送と呼ばれる技術が採用されるようになりました。

そして国際派のマルチメディアに

このような第3世代の通信技術は、「世界中で共通に使える携帯電話を作ろう」という機運の中で誕生しました。最新のデジタル技術を取り入れて、電話以外にもメールや画像（写真）の伝送などが世界共通方式を使って広く利用できるようになり、「マルチメディア伝送」の時代が幕を開けました。

図1-14 究極の紙面節約……必殺「重ね書き」

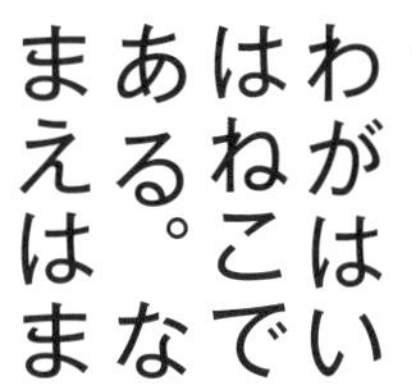

＋

あめにも
まけず、
かぜにも
まけず、

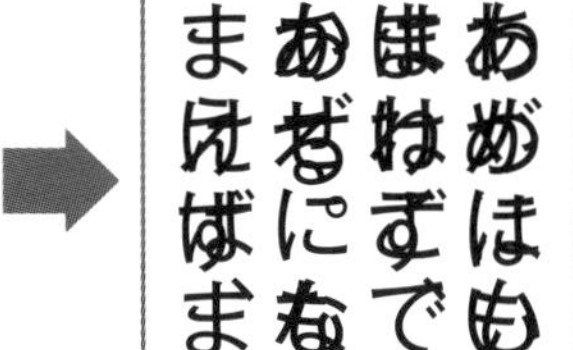

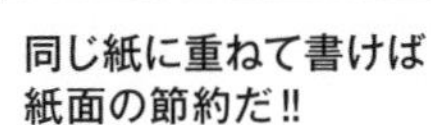

1枚に書けるのは
16文字だけど……

同じ紙に重ねて書けば
紙面の節約だ!!

図1-15 色付き文字で印刷し、色付きフィルムごしに読んでみる

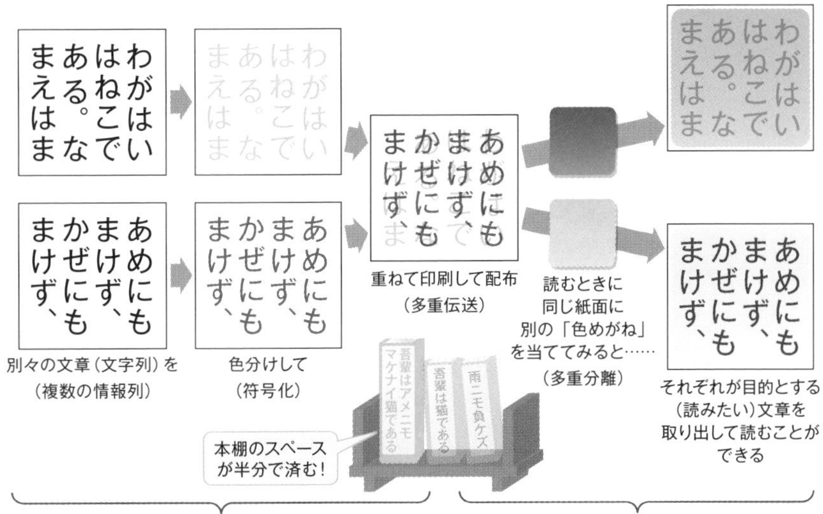

Point

- 符号多重伝送では文字に「色」をつけて伝送。受信側は「色付きフィルム」で必要な文字だけを読むことで紙面（伝送路の「太さ」）を節約できる
- 第3世代システムで、音声電話以外にもメールや画像（写真）などの「マルチメディア伝送」時代が幕開け。世界共通の国際方式として普及

4代目は便利なパケ上手（第4世代システム）

もっとたくさんの情報（文字）を短い時間で送る

ここでは、4代目システムで使われる「直交周波数分割多重」というイカツイ名前の技術が「悪路」（雑音・混信）に強いという話をします。

雑音や混信の多い通信路を「振動の多いベルトコンベア」にたとえて「わがはい」の4文字を伝送する場合を考えます（図1-16）。

まず単に「時間方向に圧縮」して送る場合です。「わがはい」の文字を伸縮可能な紙状のゴムに印刷して時間方向（横）にギュッと圧縮します。その分ゴムは縦（伝送路の太さ方向）に伸びます。それを短冊状に4分割し、「振動」に備えて方向を示す目印を添えてからコンベアで送ります。

コンベアの出口（受信側）では、振動の影響で短冊がバラバラの向きになるので、送り側でつけた目印を頼りに全部の短冊の向きをぴったりそろえてからゴムのサイズを元に戻して情報を取り出します。

実は伝送速度を高速化すると短冊の数が増えて、この「全部の短冊の向きをぴったりそろえる」処理がとても大変な『超難問!』になるのです。

4代目は「悪路に強い!」

「直交周波数分割多重」では、**最初に文字の横と縦を入れ替える「ひと手間」**を加えます（料理の仕込みと同じでここがミソです）。ゴムに印刷して横（時間方向）に伸長して短冊状にしてから、「悪路のコンベア」で運びます。1つの文字を運ぶ時間は長くなりますが、縦（伝送路の「太さ」方向）にギュッと圧縮して4文字同時に送るので全体の効率は変わりません。

受け取り側では短冊ごとに向きを確認すれば文字が取り出せるので処理が「超簡単!」になります（最後に軽やかに縦横変換して受信完了です）。

このように、第４世代システムは悪路の伝送路であっても大変な処理を短い時間にたくさんの情報を正しく送ることができるため、高速データ通信が得意な「パケット通信上手」と呼ぶことができます。

図1-16 振動の多いコンベア（劣悪な伝搬路）で文字（情報）を送る

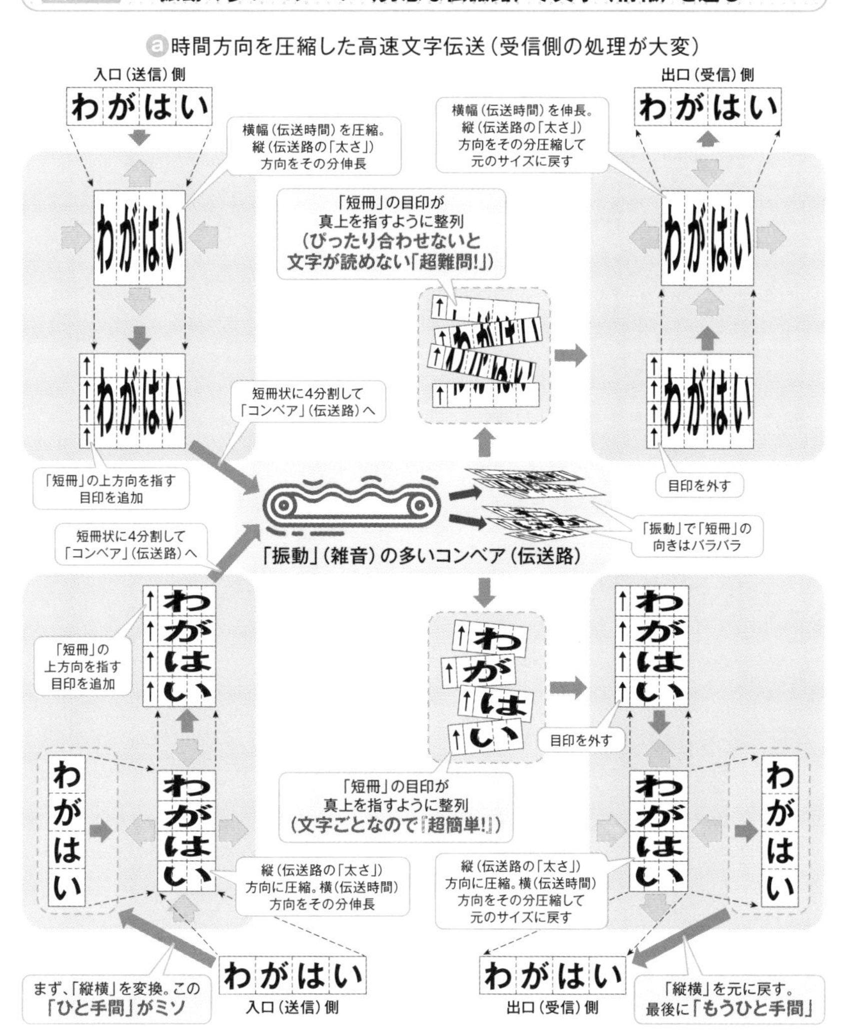

Point

- 「直交周波数分割多重」は、「最初のひと手間」（横縦変換）がミソ
- 第4世代システムは、たくさんの情報を短い時間に「悪路」でも送ることが可能。高速データ通信が得意な「パケット上手」

そして洗練された5代目デビュー（第5世代システム）

「5代目」の使命

ここまで、携帯電話の先代技術について、いかにたくさんの情報を効率的に運ぶかという「伝送能力」を中心に解説してきました※11。

「第5世代（5G）」では、人と人の通信を便利に快適に（「もっと速く」＝eMBB：enhanced Mobile BroadBand）という「伝統」の継承・発展に加えて、「もっとたくさん」のモノを（mMTC：massive Machine Type Communications）、あるいは「しっかり安全」に（URLLC：Ultra-Reliable and Low Latency Communications）情報でつなぐための技術的な工夫を取り入れています。この後の章では、5Gを支えるこれらのしくみや工夫のいくつかを取り上げて解説していきます（図1-17）。

ユニバーサルからローカルへ

5Gではもうひとつ、国内で「ローカル5G」と呼ばれる使い方が始まっています。これまでの携帯電話は、「いつでも・どこでも・誰とでも」を合言葉に発展し、全世界で大容量・高速通信を提供するいわば「ユニバーサル5G」が実現しました。国内の至るところで均質で安定な通信サービスが提供され、スマートフォンはどこに出掛けても便利で頼れるお供になっています。高度な通信網の構築と運営に必要な費用を「割り勘」で負担して、その恩恵を全世界の人たちと共に利用することが可能になっています。

ローカル5Gは、このような全世界共通の資産である5Gの技術を利用して、地域や社会あるいは産業などの分野で「**自分たちの5G**」として使うものです。具体的には、製造業や流通・販売、金融、建設、交通、医療、教育をはじめ、行政サービスなどを含む公益、公共など、実にさまざまな分野での利用が可能となっています（図1-18）。「ローカル5G」については、本書の後半でもう少し説明します。

※11 伝送能力が高速・大容量で便利になると広く使われるようになり、それが次の技術革新を促すという好循環モデルがもたらされました。

図1-17 「もっと速く」「もっとたくさん」「しっかり安全」を支える技術と工夫

図1-18 「ローカル5G」＝世界の5G技術を自分たちの5Gに使う

Point

- 5Gの使命は「もっと速く」、「もっとたくさん」、そして「しっかり安全」
- 全世界共通の資産である「ユニバーサル5G」の技術を利用して、地域や社会あるいは産業などの分野で「自分たちの5G」として使う「ローカル5G」

やってみよう

みんながデータのダウンロードに使っている時間を算出する

第1章では移動体通信の発展について、いかにたくさんの情報を効率的に運ぶかという「伝送能力」を中心にお話ししました。図1-7では、国内の携帯電話契約者数、携帯電話を含む移動通信システムでやりとりされる下り方向の情報の量（トラフィック）の推移について触れ、月間の通算トラフィックが直近では1,000テラバイト（10^{15}バイト）にもなることをお話ししました。

これを全国の利用者が4Gスマートフォンの理論上の最大速度である1.7Gbps（1秒間に1.7×10^9ビットの伝送速度）でダウンロードしたと仮定した場合に、ダウンロードに費やしている合計の延べ時間を計算してみましょう。計算式は次の通りです（式中の「B」はバイトを表す単位です）。

10^{15}(B) × 8 (bit/B) ÷ $\underline{\mathbf{1.7\times10^9}}$ (bps) ＝ 4.7×10^6 (秒) ＝ 54.5日

データをダウンロードするために、日本の利用者全体でひと月に延べ54.5日分の時間を費やしている計算になります。1人当たりに換算すると数秒ではありますが全体の合計は膨大な時間です。

これが5Gの最大通信速度になるとどうなるか、先ほどの式の**1.7×10^9**（下線）のところを**20×10^9**に置き換えて計算してみてください。延べ時間が大幅に短縮できることがおわかりいただけると思います。

1,000テラバイトの情報をダウンロードするための所要時間

通信機器	最大伝送速度	ダウンロード時間
4Gスマートフォン（最大）	1.7 Gbps	54.5日
5G	20 Gbps	

実際のシステムでは伝送速度が目減りするので計算通りというわけではありません。また、伝送速度が速くなる分だけ通信需要が喚起されて通信量が増えると想定されます。それやこれやの話はありますが、相対的な最大伝送速度の高速化は結果的に全国の情報のやりとりを大幅に活性化・効率化することに大きく貢献するはずのものです。

【答え】10^{15}(B) × 8 (bit/B) ÷ 20×10^9(bps) ＝ 4×10^5(秒) ＝ 4.6日

第2章

5Gは電波で通信する

～貴重な電波資源を大切に効率よく利用するしくみ～

電波は人気者

電波は人気者

電波には離れたところに届くという素晴らしい性質があり、携帯電話以外にもとてもたくさんの重要な分野で利用されています（図2-1）。

情報を電波に乗せて伝える通信以外にも、放送、気象観測、航空管制、電波天文から台所の電子レンジまで、その「伝わり方」の特徴を活かして実にさまざまな分野で利用されている超人気者です。

「電波は伝わる、どこまでも～♪」？

電波は、電気を流そうとする力（電界）と磁石の力（磁界）の変化が相互に繰り返し起こることで「波」のように空間を伝わっていく現象です。ここでは電波を「竹馬」になぞらえて、右足（電界）と左足（磁界）が交互に前に出る変化の繰り返しで前進するものとして解説します（図2-2）。

ただし、竹馬の長短によらず、歩幅と歩数（単位時間当たり）を掛け算した移動速度はいつでも同じ速さになるものとします。**電波の伝わり方**は、1秒当たりの「歩数」（**周波数**）、あるいは移動速度を周波数で割り算した「歩幅」（**波長**）によって変わります※1。

「長いけど細い（細く長く）」と「短いけど太い（太く短く）」

この竹馬を使って何人かで荷物（情報）を運ぶことを考えます。長い竹馬は歩幅が大きいので遠くまで楽に運べます。また、多少の障害物は乗り越えて運べますが、間隔を空けて歩くため運べる荷物はわずかです。

一方短い竹馬では、歩幅が短いため歩数で稼ぎます。疲れるので遠くまでは歩けず、また障害物があるとそこでストップしてしまいますが、大勢で間隔を詰めて歩くことができるので全体ではたくさんの荷物を運べます。

携帯電話の通信では、**情報伝達に必要な到達可能距離と伝送可能な情報量のバランスが確保できるちょうどよい周波数の電波が利用されます。**

※1　いろいろな利用分野とそれに割り当てられている周波数については**2-2**でお話しします。

図2-1　電波はとてもたくさんの分野で利用されている

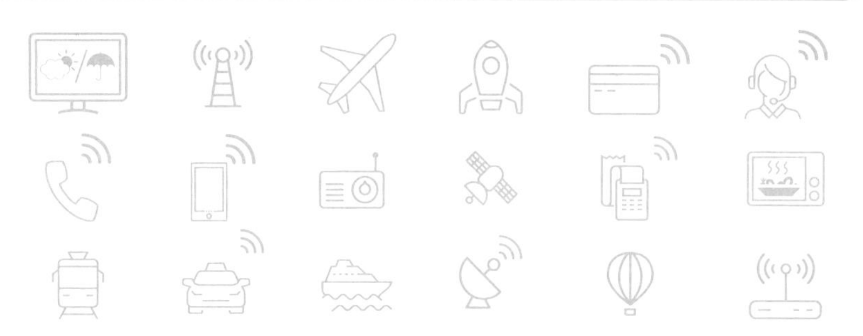

図2-2　電波の特性：「細く長く」と「太く短く」

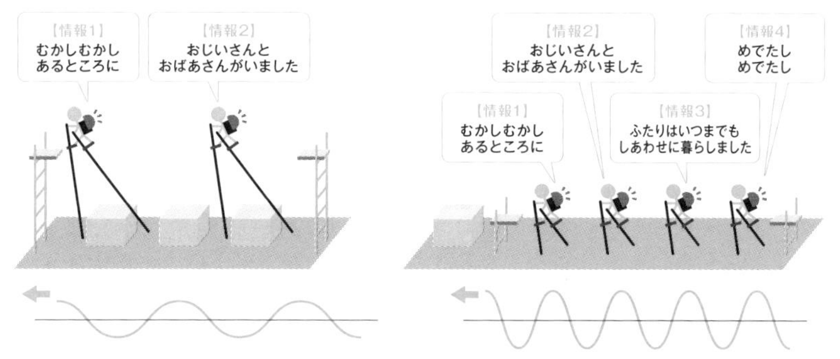

右足（電界）が前に出る（変化する）と、次に左足（磁界）が前に出る（変化する）。この繰り返しで前進する。
歩幅（波長）×単位時間当たりの歩数（周波数）は同じ ➡ 移動速度は同じ光の速度（1秒間に地球を7周半する速度）

「細く長い」竹馬

- 歩幅（波長）が長い。ゆったり歩いても距離がいく
- 楽に長い距離を歩ける
- 歩く間隔が長いため運べる荷物（情報）は少ない
- 多少の障害物は乗り越えていく
- 乗り降りにとても長いはしご（アンテナ）が必要

「太く短い」竹馬

- 歩幅（波長）が短い。速く歩いて歩数で距離を稼ぐ
- 疲れるので長い距離は歩けない
- 間隔を詰めていてたくさんの荷物（情報）を運べる
- 障害物があるとそこでストップ
- 乗り降りにはとても短いはしご（アンテナ）を使う

波長の長い電波（低い周波数）

遠くまで届くが運べる情報量は少ない
多少の障害物があっても届く

波長の短い電波（高い周波数）

運べる情報量は増やせるが遠くまで届かない
障害物があるとそこでストップ

Point

- 電波はとてもたくさんの分野で利用されている超人気者
- 電波の「伝わり方」は周波数（＝波長に反比例）によって変わる
- 携帯電話では、スマートフォンから基地局までの距離と伝送する情報量のバランスが程よく確保できる周波数の電波を利用する

電波（人気者）をみんなで使う

みんなで譲り合って使う

電波の割り当てには電車の長椅子に似たところがあります。少しでもたくさんの人が座れるように少しずつ詰めて座る必要がありますが、詰め過ぎても窮屈なので、ムダにならない程度の適当な間隔が必要です（図2-3）。

電波も同じ場所で同時に使うと混信してしまうため、用途に適した電波を必要な人が必要なときに必要な場所で使うことができるように、**あらかじめ電波の種類と使う場所や時間を区分けするしくみが設けられています。**

「周波数」を割り当てる

図2-4に国内の「周波数の割り当て状況」（分配）を示します。携帯電話に使われる帯域を中心に600MHzから60GHz※2までの範囲を示しています。図の横軸は対数目盛りで、横幅が同じ長さの帯は図のどこであっても、その左端と右端の周波数の比（割り算した結果）は同じになります。

縦軸方向は利用分野（無線業務）を示しています。実にさまざまな場所で電波が活躍していることがわかります。電波は国境も越えて届く場合があるため、まず全世界で共通の使い方が協議され、それに基づいて国や地域ごとに具体的な電波の割り当てが行われるしくみになっています。

図の一番上の青い帯が携帯電話用の周波数帯です※3。青い帯の合計の幅は、対数目盛り上で図の帯域全体の2割弱に当たる長さ（比率）です。これらの周波数帯を膨大な数の携帯電話機が「割り勘」で効率よく利用しています。

実際の電波利用においては、**相互の混信を避けるために割り当てられた帯域の中で互いに必要最小限の「隙間」を設けて利用します**。また、重複して割り当てられている帯域を共用する場合は、利用する場所や時間を分けるなどの工夫や調整が必要です。混雑時の電車の座席と同様に隙間を必要最低限に保ちつつ、場所（乗車区間）や時間帯で都合をつけて譲り合いながら利用する点でも似ています。

※2　1MHzは1秒間に100万回、1GHzは1秒間に10億回の振動です。

※3　700～900MHz帯、1.5～2GHz帯、3.5GHz帯と5G用に割り当てられた、3.7GHz帯、4.5GHz帯、28GHz帯が含まれています。

図2-3 「電車長椅子の法則」：少しずつ詰めて座る

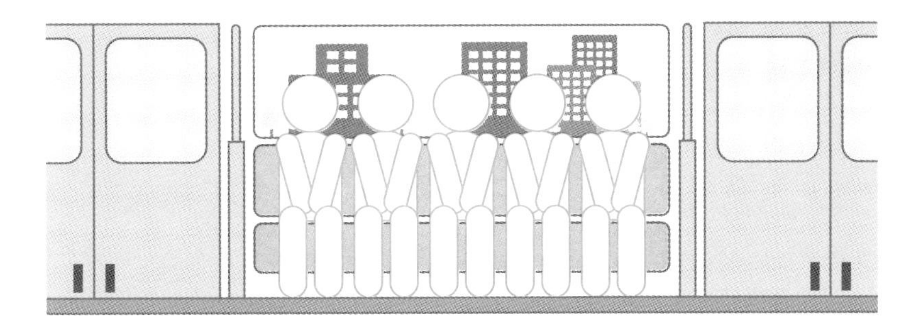

図2-4 周波数の割り当て状況（国内）

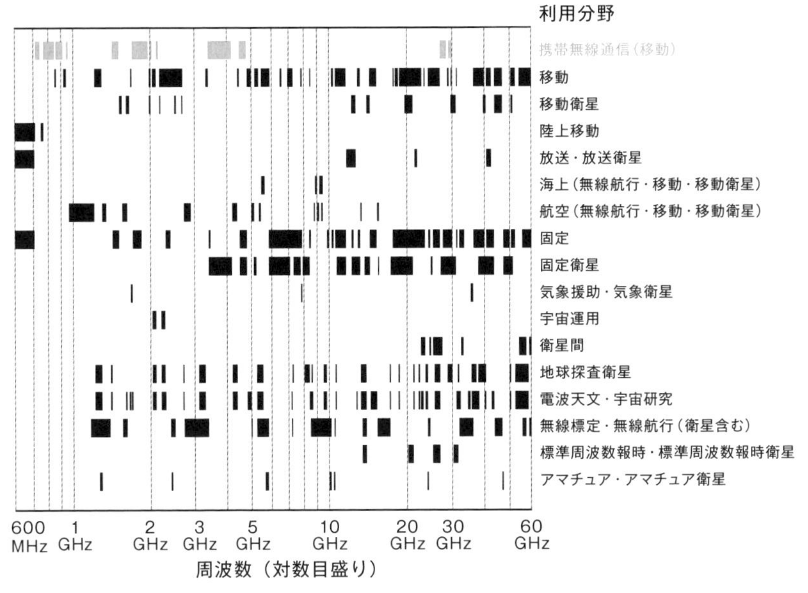

出典：総務省 電波利用ホームページ「周波数割当計画の検索」から作成（URL：https://www.tele.soumu.go.jp/search/wari/index_w.htm）

Point

- 電波は互いに混信しないように、利用する目的に応じて適切な周波数帯をあらかじめ割り当てるしくみが設けられている
- 電波の割り当ては隙間なく行われていて、一部では重複利用も行われている
- 携帯電話は700MHz～28GHzの範囲の中で割り当てられたいくつかの帯域を利用する

貴重な電波（人気者）を大事に、しっかり使う

スリム化し、詰め込んで、でも確実に運ぶ

人の声を伝える場合の通信のしくみを図2-5に示します。貴重な電波を使って情報を伝送するために、携帯電話では**できるだけたくさんの情報を限られた周波数帯域にスリム化したうえで詰め込んで伝送します。**

人の声はマイクなどで電気信号に変換されてからデジタル伝送するために「符号化」します。このとき、できるだけ短い符号（少ない文字数）で必要十分な情報が表現できるように「スリム化」の工夫をします。人の音声を符号化するしくみの例については**2-4**で解説します。

電波を使って伝送すると電波の減衰や雑音・干渉の重畳が発生するため、**正しく「確実に」符号が届くように符号処理を施します**。そして電波の波形を伝送する符号（文字）に応じて変形（変調）して送信します。ここでも電波の帯域幅を節約するための「詰め込み術」が使われます。**2-5**で工夫の一端を紹介します。

受信側では送信側と逆の順番に符号から電気信号を復元して、送信側の人の声に対応した声をスピーカーから再生します。

詰め込んでも場所は取らない

図2-6（左側）は、各世代の携帯電話システムのいくつかについて、**最大伝送速度**とそのときに利用する電波の**周波数帯域幅**（太さ）を示したものです※4。

前者を後者で割り算した数値が大きいほど情報伝送の際の**周波数利用効率**が高いことを示します。最大伝送速度は5世代の間に約1億倍になっていて、利用する帯域幅も増えていますが、増え方は約1万倍と4桁少ない増え方のため、周波数利用効率は、図2-6の右側に示すように、5世代の間に数千倍よくなっています。

携帯電話の技術の進歩は、**限られた電波を上手に使ってたくさんの情報を効率よく伝えるためのものだった**といえます。

※4　**1-3**、**1-4**、**1-6**～**1-10**などで説明した第1世代～第5世代の携帯電話システムに分類される実際のシステム（一部）の仕様から抜粋した値を示しています。

図2-5　人の声を伝える場合の通信のしくみ

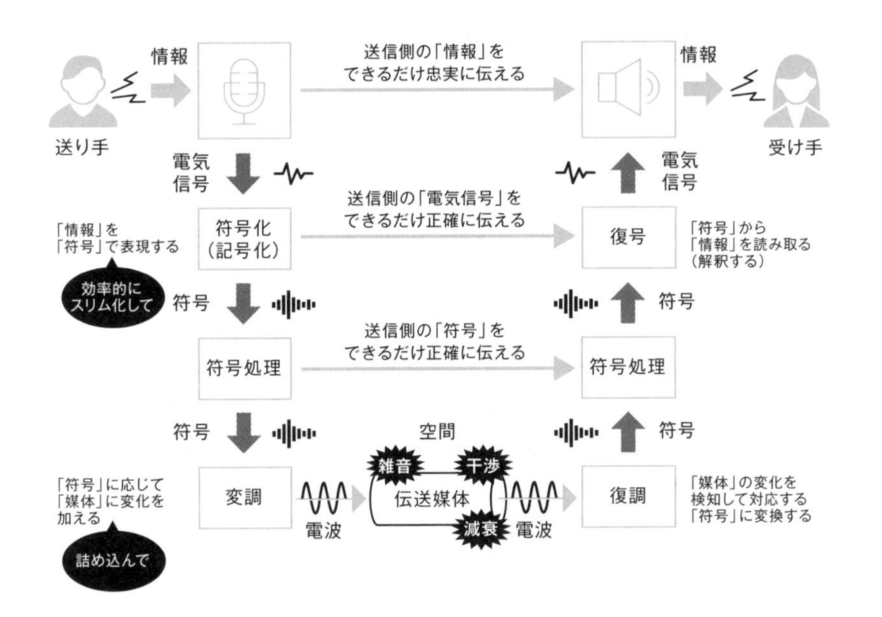

図2-6　通信システムの最大伝送速度、電波の帯域幅と周波数利用効率周波数の割り当て状況（国内）

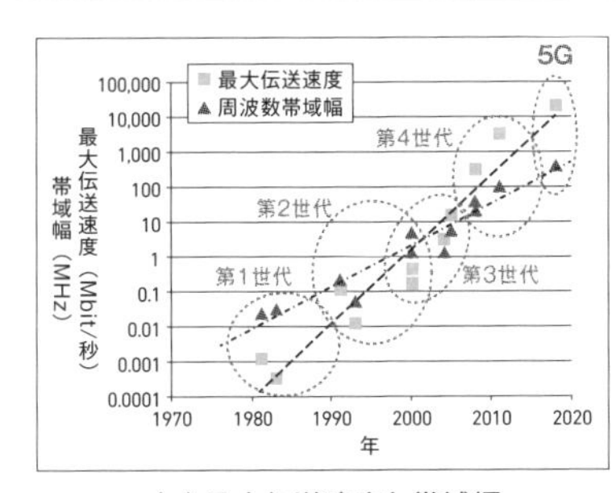

（a）最大伝送速度と帯域幅

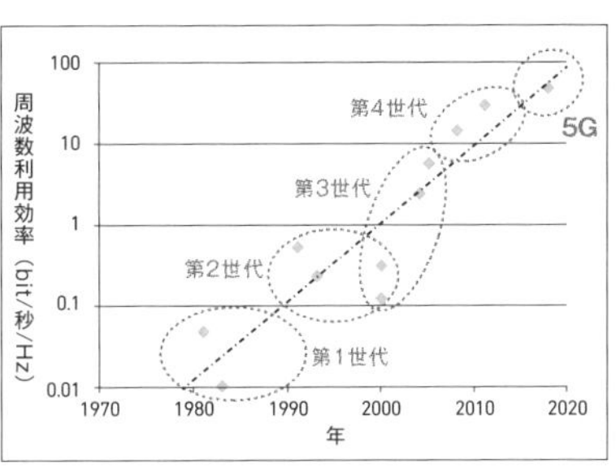

（b）周波数利用効率

Point

- 限られた電波で効率的に、確実に情報を運ぶことが重要
- 電波の周波数帯域幅を節約しながらより多くの情報を伝送するための工夫と、雑音や干渉が重畳する条件でも確実に伝送する工夫が必要
- 携帯電話の技術は、限られた電波を有効に使ってたくさんの情報を効率よく伝えるために進歩してきている

元の情報をまずスリム化する

連続して変化する信号を符号化する

2-3で触れた符号化の際の「スリム化」の工夫について、人の音声信号を符号化する場合を例に説明します。音声などをマイクで変換した電気信号（前節図2-5）の波形は、声の大きさや高さに応じて連続的に変化します。このような信号は、大きさと繰り返し周期が一定である複数の波形の足し合わせで表すことができます。そして、その中で**一番高い音の繰り返し周期の半分より短い間隔で元の波の高ささえ測定しておけば、その数値（図の矢印の長さの情報）を使って元の形を再現することができます**（図2-7左側）。

実際の符号化では、人の声より高い信号成分を取り除くために平滑化を行い、次に一番高い声の成分の繰り返し周期より短い間隔で信号波形の高さを測定して符号化します。ニンジンのシルエットを符号化するのであれば、最初に余計なヒゲ根を取り除き（平滑化）、輪切りにして（標本化）、最後に直径を測定するイメージです（図2-7右側）。

人の会話は「真ん中のミ」から「右端のソ」まで

一般の電話機の音声通話では、人の音声を300Hzから3.4kHzの範囲の音※5でスリム化して伝えます。ピアノの鍵盤の真ん中付近のミから約3オクターブ上のソに当たる範囲です（図2-8）。いったん符号化した音声信号情報をさらに音の高さに対応する音符とその強弱や出だしのタイミング情報で書いた「楽譜」に書き直してから伝送し、受信側で「楽譜」から元の音声を再生することで効率的な伝送※6が可能です。

携帯電話ではさらに節約して、人の喉と口のメカニズムを模して発声する「オーケストラ」役を受信側に用意し、送信側で「指揮者」が声を分析して受信側の「オーケストラ」に指示情報だけを送って音声情報を巧みに再現する**超絶な情報節約のしくみ**が用いられています（**6-4**参照）。

※5　300Hzは毎秒300回、3.4kHzの毎秒3,400回の空気振動（音）です。
※6　音声通話の品質は保ったままで伝送する情報量を数分の1にスリム化することが可能です。

図2-7 連続的に変化する電気信号を符号化するしくみ

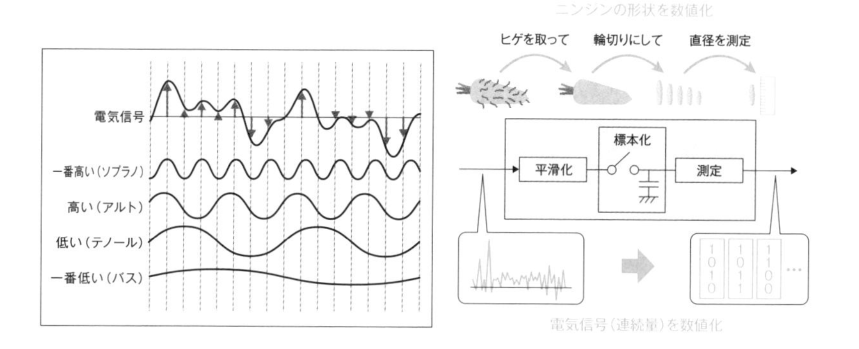

図2-8 人の声（会話）を記号化する

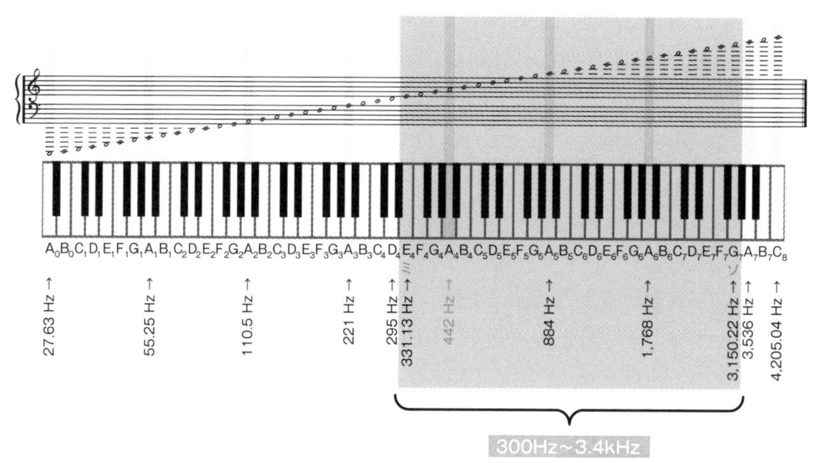

※図中の周波数は、平均律、ピッチ442Hz、88鍵盤の場合

Point

- 音声信号などの連続的に変化する信号は、一番高い音の成分の2倍高い音の周期より短い間隔で符号化すれば再生可能
- 人の会話は、鍵盤中央のミから約3オクターブ上のソの範囲の音で伝送
- 喉と口を模したオーケストラを遠隔指揮して発声する（超絶情報節約術）

スリム化した情報を詰め込んで送る

たくさん詰め込むと忙しくなる

図2-5で解説した電波の「変調」では、**電波の波形の始まるタイミングや強弱を変えることで伝送する情報（文字の種類）を表現**します。

図2-9に示す楽譜にたとえると、一番単純な変調は2拍子（1小節に四分音符2つ）で1小節に1回鳴らす方法です。送る情報が「0」なら1拍目、「1」なら2拍目を鳴らします。2通りのパターンで「0」か「1」の2種類の情報（2進数1桁分）を伝えることができます※7。

音の長さを半分にして音符が1小節に4つ入る倍の速度（4拍子）にすると、音が鳴る拍は小節の中に4カ所あるので合計4通り（「0」と「1」の組合せで2桁（2進数2桁分））の情報を表すことができます。

2拍子の拍の位置に加え、さらに音の強弱による区別と上下2段の楽譜で2種類の楽器を導入すると、あわせて16通りの情報が表せます※8。

空いた小節に詰め込む

例として、図2-10に示す「10110100」という2桁の数字を表現することを考えます。一番単純な2拍子では全部で8小節分の音符が必要ですが、倍速の4拍子にすると4小節、2拍子＋音の強弱＋上下2段構成の場合にはさらにその半分の小節数で表すことが可能です。

情報の伝送時間が短くなるので高速伝送が可能になっています。さらに、空いた小節分の時間を使って他の情報を使うことができるため、貴重な電波を2倍も4倍も有効に利用することが可能になります。

このように、単位時間（1小節）に情報を伝えるための電波の変化（細かい音の変化）を詰め込んで伝送する手法を高次変調と呼びます。ただし、**複雑な方法になるほど精度のよい超絶演奏（送信）と高度な聞き分け（受信）技術が必要**となります。干渉や雑音（外乱）の多い条件ではわずかなタイミングの差を聞き分けて正しく情報を取り出すことが難しくなるため、それを補うさまざまなしくみが併用されます。

※7 1単位時間当たりに2通り、または4通りに信号の位相（タイミングの早い、遅い）を変化させることで情報を伝送する変調方式として、それぞれ、BPSK（Binary Phase Shift Keying）、QPSK（Quadrature Phase Shift Keying）があります。

図2-9 「拍の位置」や「強弱」の組合せで情報伝送

図2-10 「10110100」という情報（歌詞）を異なる方法で伝える

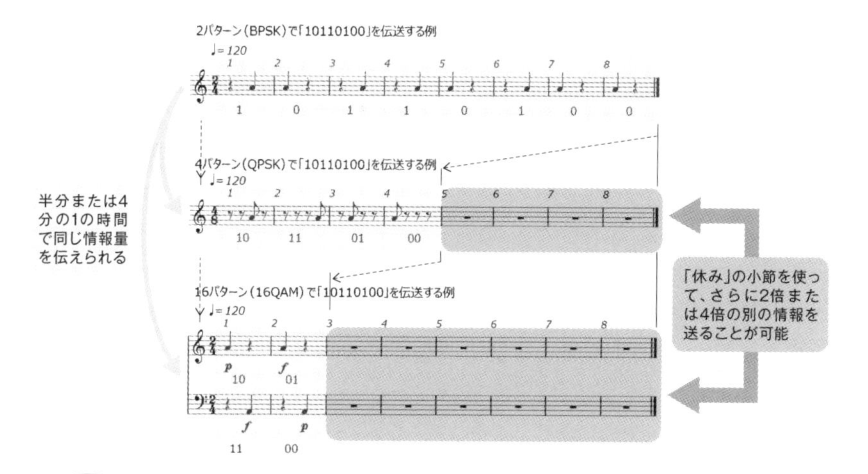

Point

- 「変調」は、電波の波形を伝送する情報（文字）に応じて変形する操作
- 同じ時間で細かく「変形」するとたくさんの情報を詰め込むことが可能
- 細かい「変形」はわずかな外乱に敏感なので高度な送受信技術が必要

※8 2種類の楽器に相当する2種類の信号それぞれについて位相（タイミングの早い、遅い）と信号の大きさ（大、小）の組合せで4通りの変化を用意し、2つの信号を組みにして1単位時間当たりに合計16通りの変化を使うことで情報を伝送する変調方式として、16QAM（16 Quadrature Amplitude Modulation）があります。

詰め込んだら適材適所で運ぶ

高速道路ではスポーツカーが速い

前節では高次変調でたくさんのデータを詰め込んで効率的に伝送するしくみについて解説しました。一方で、高次変調は干渉や雑音の多い条件では正しく情報を伝送するには工夫が必要とも述べました。

「工夫」の話は次節からいくつか紹介しますが、ここでは変調方式と伝搬路の条件の関係について簡単な補足をします。

図2-11は、各種の変調方式を乗り物にたとえています。スポーツカーは高速伝送が可能な高次変調（高速度の変調）のように、高速道路を高速で走行できます。一方、低速度の変調（前節の一番単純な変調）では、トラクターのようなとても遅い速度での伝送になります。

悪路ではトラクターのほうが着実

ところが、図2-12のような「悪路」になると話は一変します。スポーツカーは悪路を走ることさえできませんが、トラクターは着実に進むことが可能です。

変調方式も同様で、高次変調は**伝搬路の条件**が良好で干渉や雑音の少ない条件であれば高速伝送が可能ですが、条件が悪くなるとまったく情報伝送ができなくなってしまいます。低速の変調の場合は、**伝送路の条件が多少悪くてもそれなりの伝送速度で情報伝送が可能**です。

いずれの場合も、次節以降で解説するいろいろな工夫をすることで状況が改善しますが、それでももともとの変調特性に適した条件での伝送を行わないと効率のよい情報伝送を行うことは難しくなります。

移動しながら通信を行う携帯電話の伝搬路の条件は、そのときどきの通信場所の条件や時間帯によって変化しますが、すべての条件で大丈夫という万能な変調方式は存在しないため、そのときどきの伝送路の条件に応じて最適な変調方式に切り替えて情報伝送を行う「**適応変調**」というしくみが使われています。

図2-11　「高速道路（良好な条件）」ではスポーツカーが速い

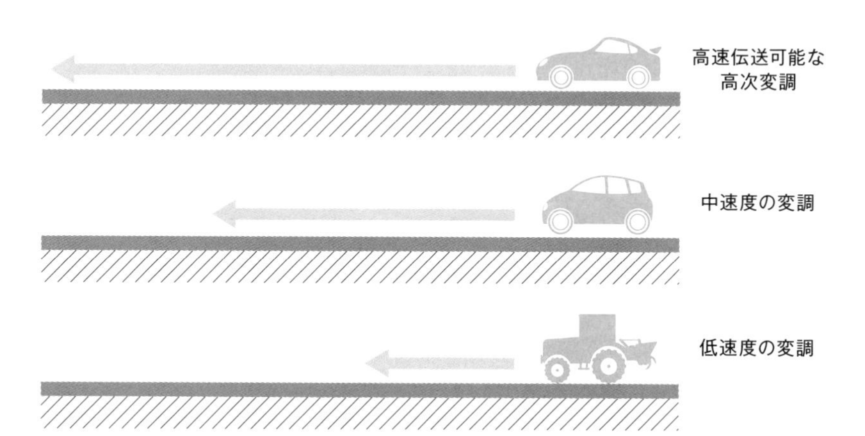

図2-12　「悪路」ではトラクター（頑強な方法）が着実に前進

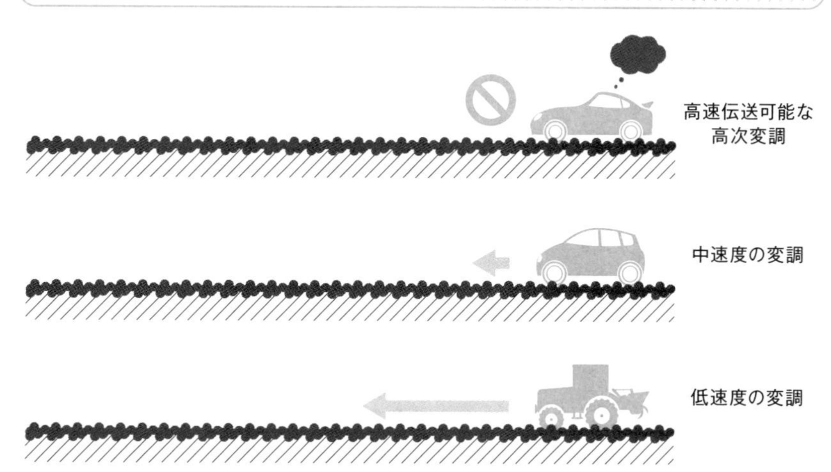

Point

- 伝送路の状態が良好なときは高次変調で高速の情報伝送を、悪いときは低速変調で着実な情報伝送を行う
- 伝送路の状態に応じて最適な変調方式に切り替える適応変調が利用されている

» 受け取ったら行間を読む

ムラのある電気炉を通るとゆがむ

図2-13ⓐは、電波が伝搬する空間を「ムラのある電気炉」にたとえて、熱で伸び縮みする素材に書いた文字を通したときの様子を示しています。電気炉の熱ムラは通過する間にも変動し、幅方向（電波の周波数方向）でも発生するため出口（受信側）では文字が縦横斜めに変形してしまいます。

ⓑは、電気炉のムラ（電波が伝搬する空間で受ける干渉などによるひずみ）の具合を調べるために同じ素材に矢印を印刷した場合です。出口で矢印の変形具合を調べることで各場所でのムラの影響がわかります。

矢印の変化の様子を見ると、幅方向（周波数方向）も、縦（時間）方向も隣接する場所同士はひずみの方向や長さが次第にズレながら変化していることがわかります。

ただし、この方法はあくまで試験用で、受信側（電気炉の出口側）に伝えたいのは意味のない矢印の塊ではなく元の情報（文字のセット）です。

ムラを推定してひずみを直す

そこで、ⓒに示すように、**送信側（電気炉の入口）側で送りたい文字の間に目印を埋め込んで印刷をします**。目印をたくさん印刷すればムラの様子は正確にわかるようになりますが、その分だけ1回に送ることのできる文字の数が目減りするので、ひずみの具合がわかる程度の適当な縦横斜めの間隔に間引き配置して印刷します。

電気炉の出口側（受信側）では、目印の埋まっている場所（青枠）のゆがみ具合を調べます。そして、近隣の目印同士でゆがみ具合を縦横斜めに比較して、その中間（行間）の場所でのひずみの具合を推定します。

その推定結果を使って各文字の場所で発生したゆがみをちょうど打ち消すように設定した冷却炉を通すことで、受信側で元の正しい文字列に戻します（ⓓ）。このような電気炉のムラの推定を**伝送路のチャネル推定**、ひずみの打ち消し操作を**伝送路のひずみ補償**と呼んでいます。

図2-13 「拍の位置」や「強弱」の組合せで情報伝送

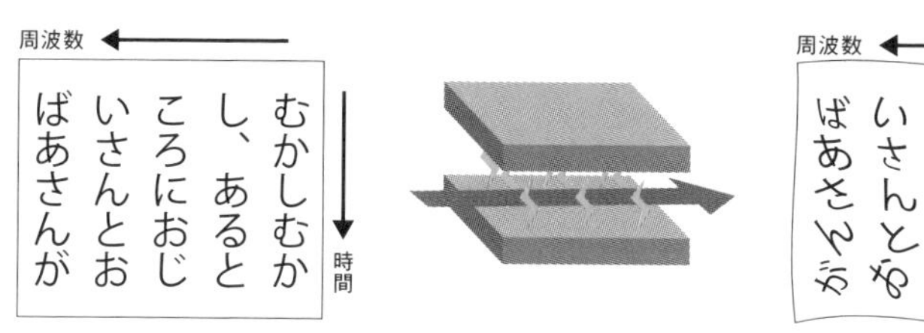

ⓐ ムラのある電気炉を通るとゆがむ

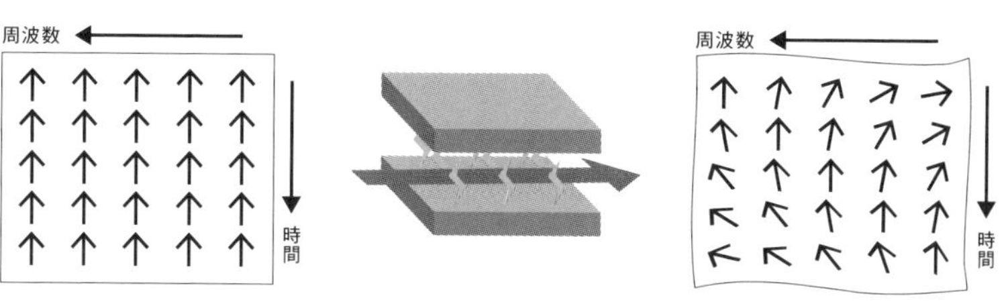

ⓑ 方向のわかる印を通すと電気炉の「ムラ」の具合がわかる

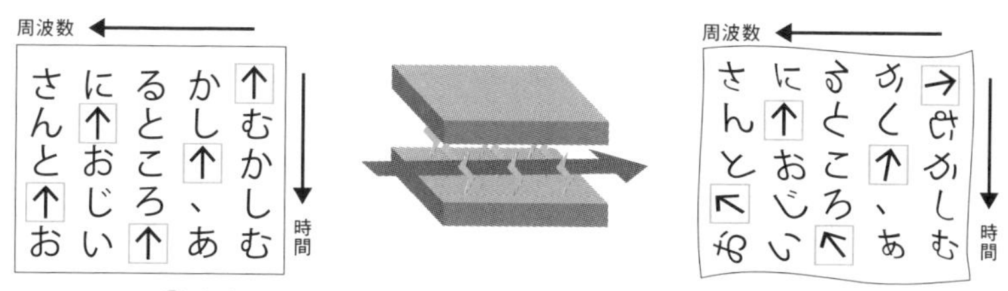

ⓒ 方向のわかる印を一定間隔で埋め込んで電気炉を通す

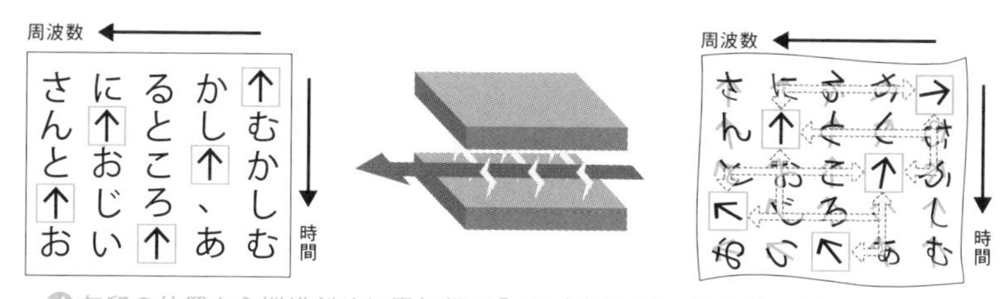

ⓓ 矢印の位置から縦横斜めに電気炉の「ムラ」を推定して「ゆがみ」を元に戻す

Point

- 電波で情報伝送すると、時間方向、周波数方向にひずみが発生する
- ひずみの具合を推定するために目印となる信号を埋め込んで伝送する
- 目印のひずみ具合から、他の位置のひずみも推定して補償する

悪路に備えて予備も運ぶ

迷作誕生（文字化けが生む悲喜こもごも）

前節で解説した「伝送路チャネル推定によるひずみ補償」だけでは直しきれない伝送誤りも発生します。そのような場合に備えて、図2-5の送受信双方にある「符号処理」でさらに細工をします。

図2-14の例で見てみましょう。この図は送信側から6つの文字を送ったときに、3回に1回の頻度（確率）で伝送誤りが発生する場合を示しています。その結果、6文字の中で2文字が間違って受信されてしまい、できあがる文字列は「かめにはまけ（ず？）」という迷作になってしまいます。

多数決にする（冗長な情報を付加して伝送する）

このような致命的な間違いを防ぐために、**誤り訂正**という技術が使われます。送信側であるルールに従って**少し余計な（冗長な）情報を付加して伝送し、受信側ではそのルールに従って伝送路で発生した文字の誤りを見つけて自動的に訂正してしまう**という素晴らしい巧（たくみ）のワザです。

簡単な例を図2-15に示します。送信側から、1つの文字を3回繰り返して伝送します。受信側では悪路（条件の悪い伝送路）の影響で3文字に1文字の割合で誤り（文字化け）が発生しています。しかし、この場合には受信側でも3回同じ文字を繰り返して送っていることを知っているので、3文字単位で「多数決」をとることで見事に元の正しい文字を再現することができるようになります。

多数決方式では1文字を伝送するのに余分に2文字分の**冗長な情報**を送る必要があり、貴重な電波の無駄遣いになってしまいます。実際の携帯電話システムでは、最新の数理技術を使って、より少ないムダ（冗長な文字の付加）でより効率的な誤り訂正が可能な方法を採用しています。

一般には、冗長な情報を付加するほど誤り訂正の能力（性能）はよくなる傾向があるため、実際の携帯電話では**伝搬条件に応じてダイナミックに適切な誤り訂正技術を切り替えながら使う方法**なども採用されています。

図2-14 迷作「かめにはまけず?」

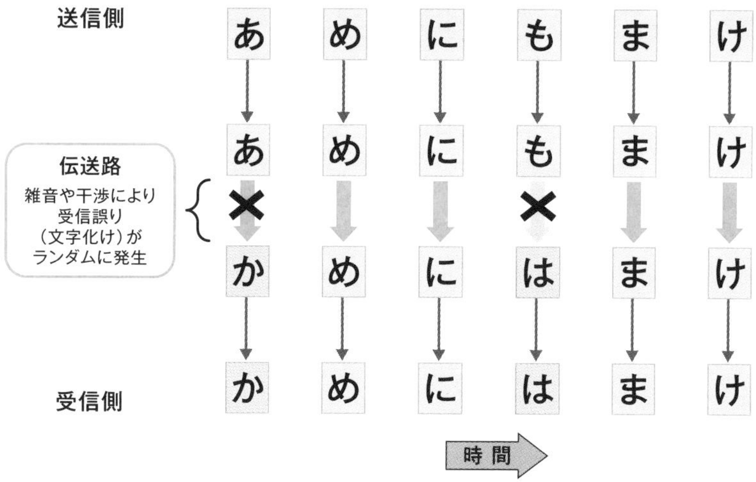

送信側

あ め に も ま け

あ め に も ま け

伝送路
雑音や干渉により受信誤り（文字化け）がランダムに発生

か め に は ま け

か め に は ま け

受信側

時間

図2-15 「多数決」で決める

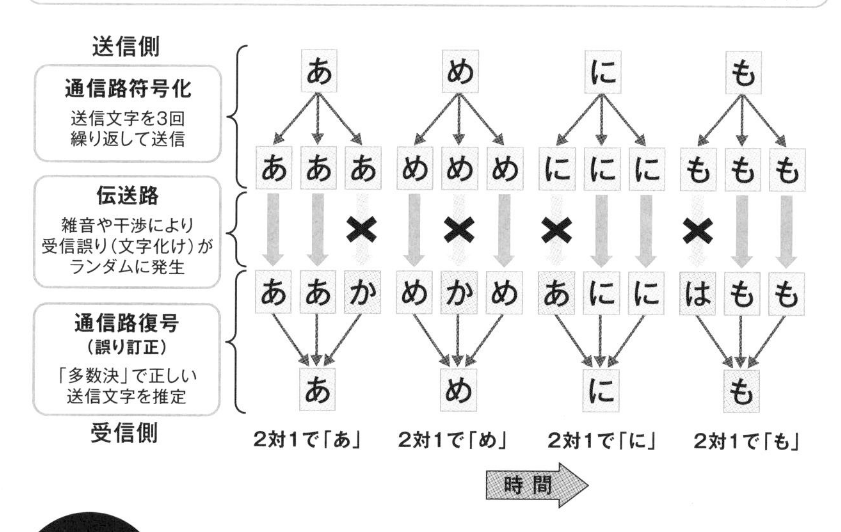

Point

- 「伝送路のひずみ補償」では直しきれない誤りも発生する
- 少し冗長な情報を付加して伝送して受信側で誤り部分を訂正する
- 伝送条件に応じて最適な誤り訂正能力を持った方法を切り替えて使う

クセのある悪路はバラして送る

「誤り」にはムラがある

前節では伝送誤りを訂正する技術について解説しました。そのときの前提は、「伝送誤りは一定の割合で時間的に（偏りなく）一様に発生する」というものでしたが、実際の携帯電話の通信では電話機の移動や周辺の地物の影響などによって、伝送誤りの発生しやすい時間帯と良好な通信状態が時間軸上で「塊」となって発生します。

こうなってしまうと、せっかく3対1の多数決を採用しても局所的に連続する3文字のうち2文字が誤ってしまう箇所が発生して、正しく誤り箇所を訂正して正しい文字を受信することができません（図2-16）。

シャッフルして送る、受信してから並べ戻す

このような事態に対処するため、2文字ごとの組みにしてからそれぞれで繰り返した計6文字の中で**順番を入れ替えてから伝送**します。

伝送誤りの発生は、図2-16と同様に塊状です。受信側では**送信側と逆の並べ替えを行ってから多数決をとります**。伝送路上では時間軸上で3文字に2文字の割合で塊状に発生した文字化けが、順番の入替操作によって多数決の処理単位ごとに配られることになります。3文字に1文字の文字化けとして多数決されることになるので、無事に正しい文字を再現することができるようになります（図2-17）。

このように送信側で文字順番の入替えを行う操作を**インターリーブ**、受信側で元の文字順に戻す操作を**デインターリーブ**と呼びます。

実際の携帯電話では、伝送誤りの発生する時間の長さに合わせた入替えの単位が設定されます。なお、文字を入れ替える長さ分だけ文字（情報）を蓄積してから処理を始めるので、**無用に長い文字の入替操作は情報伝送の遅れの原因となります**。このため、インターリーブの処理単位は、伝送誤りの偏り具合と伝送遅延のバランスを考慮して設定されます。

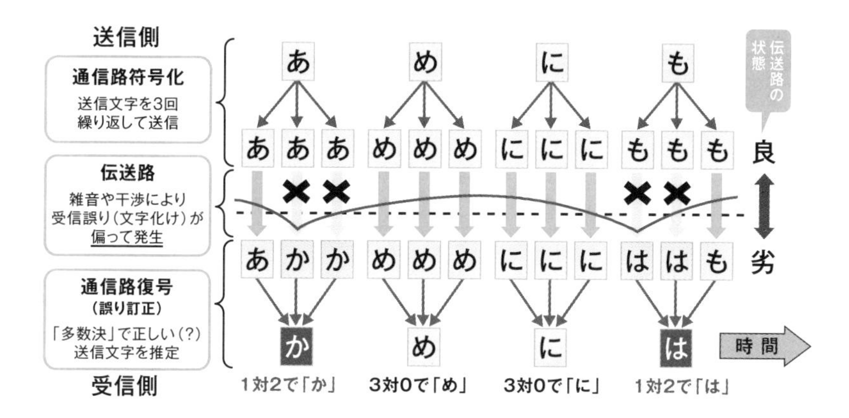

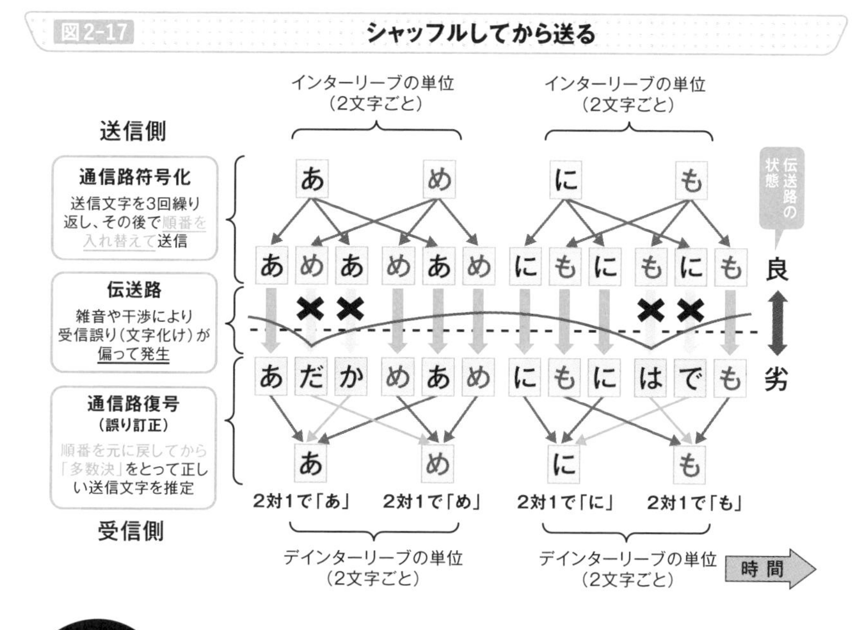

Point

- 携帯電話の伝送路では伝送誤りが「偏って」発生することがある
- 送信側で文字順を入れ替えて送信し、受信側で元の順番に戻すことで、偏って発生した伝送誤りを誤り訂正処理単位で一様化する
- 長い範囲の文字順入替えは伝送遅延の元なので適切な長さに設定する

それでも直せない場合は再配達依頼する

どうしても直せないこともある

図2-18では、誤り訂正とインターリーブでも修正できないくらい長く電波の伝搬路上で誤りが発生する様子を示しています。このような状況では、誤り訂正（多数決）ではもはや正しく受信文字の誤りを修正できません。また、誤り訂正処理自体では訂正（多数決）した結果が正しかったかどうかの判断をすることはできないのが一般的です。

誤りを検出する

そこで、誤り訂正処理の結果の正否を判定するしくみを設けます。図2-18の例では、送信側で3文字ごとに文字の画数の合計を計算しています。その結果の1桁目を情報として挿入して他の文字と同様に送信します。

伝送誤りの発生区間が長いために受信側の誤り訂正の後にも文字化けが発生していますが、受信側でも文字の画数を3文字分合計して送られてきた結果の1桁目と比較し、2つが一致しなかった場合は誤り訂正処理が正しく行われずに正しく受信されなかったと判断（**誤り検出**）します。

再配達を依頼する

誤り訂正で直せなかった情報を受信側で発見したときに、逆方向の情報伝達手段を使って送信側に「再配達（**再送**）」を依頼する再送要求というしくみが用意されています（図2-19）。送信側では、再配達に備えて初回の送信情報の控え（コピー）を保持します（❶）。初回の送信（❷）が失敗して再配達の要請（❸）が届くともう１回送り直します（❹）。再送信のときに回線の状態がよければ、今度は正しく受信することが可能です。

再送を行うと、全体の伝送遅延が大きくなるために音声通話などには適しませんが、メールでの文字情報のやりとりなど、**多少の伝送遅れよりも情報の正確さを優先する通信の場合にはとても有効なしくみ**です。

図2-18 どうしても直せない誤りを検出する

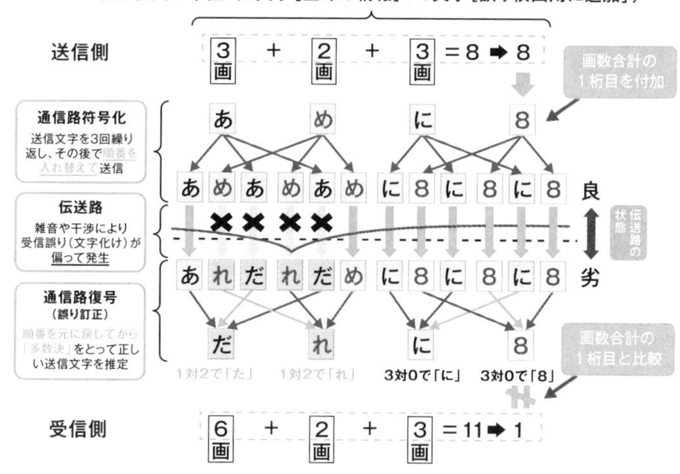

図2-19 「もう1回、配達して（送り直して）！」と依頼する

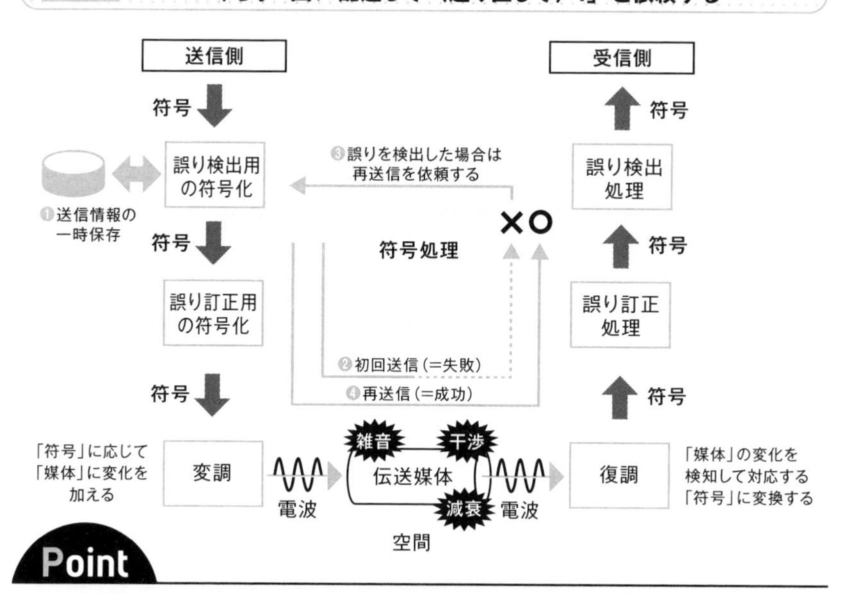

Point

- 誤り訂正で直しきれなかった伝送誤りは、誤り検出のしくみで検出する
- 受信側で誤りを検出して、送信側に再送を依頼する
- 再送は、多少の伝送遅延よりも情報の正確さ優先の通信に適している

» マナーを守ってお静かに

過ぎたるは及ばざるがごとし

この節では電波の強弱と伝わる距離の関係についてお話しします。

空気の振動（波動）で遠くの人に声を届けるためには、小声では届かず、だからといって過剰な大声はムダな体力を消耗し、騒音にもつながります(図2-20)。

小さ過ぎると伝わらない、大き過ぎると干渉になる

電波も空間を波として伝わる間に**徐々に減衰**して最後は受信できないくらい小さくなります。

携帯電話では、電話機の場所によって通信相手の基地局との距離（**伝搬距離**）が時々刻々と変わります。遠く離れた地点間で通信を行う場合は、大きな電力で送信しないと電波が届かない一方で、近い場所同士で通信する場合は、過剰な電力で送信すると電話機の電池の電力をムダに消費するばかりでなく、他の電波の受信動作に干渉して悪い影響を与えてしまうことがあります。

送信電力を調整する

そこで、受信機側で受信した電波の強さを監視して、弱過ぎる場合は送信電力を増やすように、逆に強過ぎるときは送信電力を減らすように通信の相手側（送信側）に指示を送って、受信する電波が過不足ない強さで受信できるように調整します（図2-21)。これを**送信電力制御**と呼びます。

その結果、伝搬距離の遠近による影響以外に、電波伝搬の障害となる建物などの影響も相殺する方向に送信電力が調整されます。

1つの基地局が多数の携帯電話機と通信を行う携帯電話においては、システムの通信容量を最大化する観点からも、**それぞれの携帯電話機が秩序を保ちながら適正な送信電力でマナーを守って通信を行い、システム全体で不要な干渉の発生を最小化すること**が非常に重要です。

図2-20　声は小さ過ぎても大き過ぎても不都合

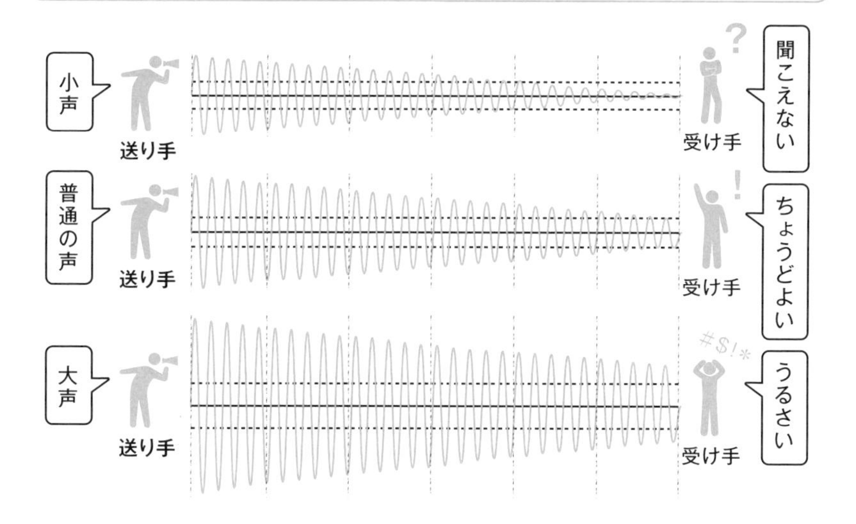

図2-21　遠くの端末は大きく、近くの端末は小さく

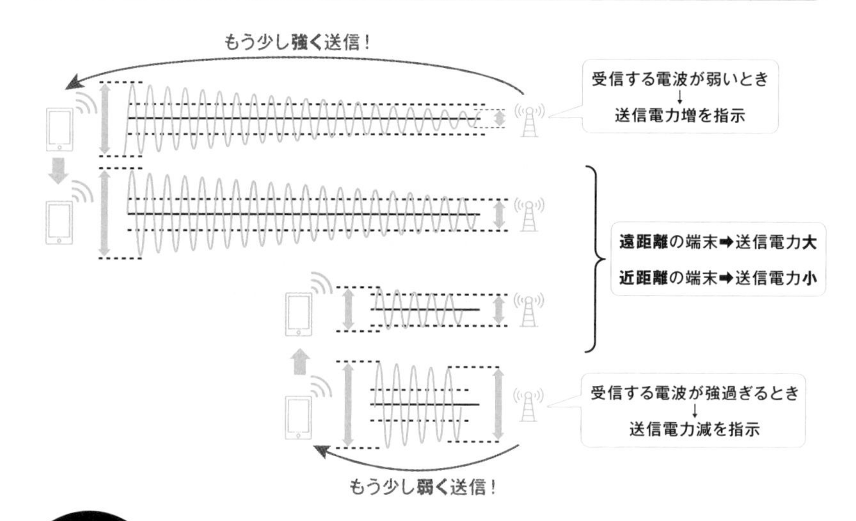

Point

- 電波は空間の伝搬に伴って徐々に減衰する
- 送信電力制御は、必要十分な送信電力での通信を可能にする。また、余剰な干渉発生を最小化してシステム全体の通信能力を増大させる

「上り」と「下り」の交通整理

糸電話で「もしもし」と「はいはい」

この節は相互に通信をやりとりするお話です。1組の糸電話で通話するときは、「もしもし」と話し掛けてから、やおら双方で糸電話を持ち替えて(口から耳、耳から口に当て直して)、「はいはい」と返事をする交互通話になります。それでは会話に不便なので、相互に同時通話をしたい場合は、糸電話をもうひとつ用意しなければなりません(図2-22)。

無線通信で「もしもし」と「はいはい」

携帯電話の無線通信では、携帯電話機が基地局(無線局)と**相互通信**を行います。基地局から携帯電話機へ情報を送る通信は「下り」、携帯電話機から基地局へ情報を送る通信は「上り」と呼ばれます。上りと下りの相互通信は、**時間分割複信**か**周波数分割複信**が使われます。

時間分割複信は、同じ周波数帯を時間で区切って上りと下りを交互に切り替えることで双方向の実効的な同時通信を実現します。道路でいえばトンネルの片側交互通行です(図2-23左側)。トンネル(無線伝送する距離)が長くなると入口での待ち時間が長くなる欠点があります。一方で、通行量に応じて**通行時間の比率を調整すること**が可能です(ただし、すぐ隣に別の「時間分割複信」トンネルが存在する場合などには制約があります)。

実際の通信では、**1-7**の「デジタルトンネル」と同様に、入口で車(情報)をデジタル技術で時間方向に圧縮して伝送し、出口側で復元します。

周波数分割複信は、上りと下りに専用のトンネルを掘って同時通行にする方法です(図2-23右側)。待ち時間は発生しないので長い距離のトンネル(伝送)でも問題はありませんが、**2つのトンネル(周波数帯)が必要になる**ため、幅広の道路(太い伝送路)を確保することは難しくなります。

5Gを含む携帯電話システムでは、利用する周波数帯の幅(トンネルを掘るスペース)と伝送距離(トンネルの長さ)などに応じて時間分割複信と周波数分割複信が使い分けられます。

図2-22 **「交互通話」と「相互同時通話」**

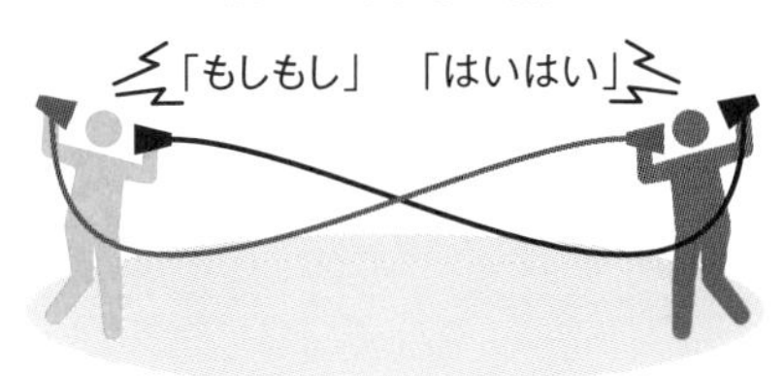

図2-23 **携帯電話の複信方式**

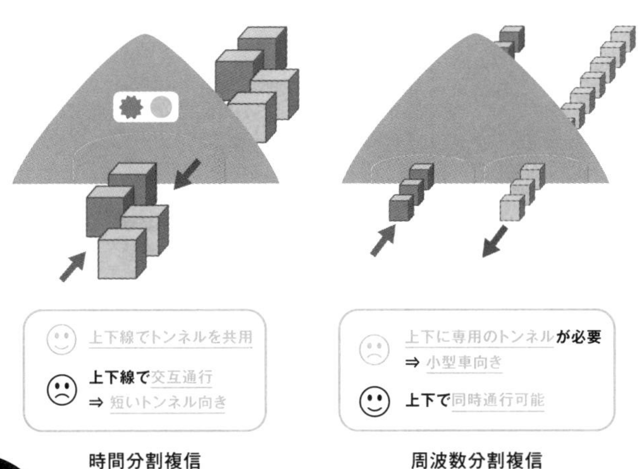

Point

- 携帯電話は、上り方向と下り方向で相互に双方向通信する
- 時間分割複信は上りと下りを時間で区分する。時間比率を変えることも可能。通信方向切替時の隙間時間が発生するため短距離伝送向き
- 周波数分割複信は上りと下りを周波数で区分する。伝送距離が長くなっても問題はないが、上り用と下り用に2つの周波数帯が必要

やってみよう

電波の伝わる範囲を考える

図2-2では、周波数の高い電波ほど届く範囲が短いという話をしました。また、図2-21では、電波を送信する電力を調整してちょうどよい強さで相手に電波が届くように制御するしくみについて解説しました。

右の図は、電波が街中を飛んでいくときにどのくらい弱くなるかを平均的なモデルを使って計算したものです。横軸は電波を送信しているアンテナ（A）からの距離、縦軸は電波の減衰量を表していて、数値が10増えるごとに電波の強さが10分の1になることを示しています。

同じ電力で送信した場合、電波が図の135（一点鎖線）まで弱くなる距離は、周波数が28GHzの場合は約300m（B)、3.5GHzの場合は約860m（D）です。周波数が高いため届く距離が短くなります※9。

では、500mの場所（C）でそれぞれの電波が135（一点鎖線）の強さになるようにするにはどうすればよいでしょうか。

周波数が3.5GHzの線は、C地点で縦の目盛りで10減衰が少ないので、その分電波の強さを10分の1にして送信すればぴったりです。周波数が28GHzの電波は逆に縦軸目盛りで10だけ減衰量が多いので、どうすればよいか、もうおわかりですね※10。

周波数によって変わる電波の伝わり方

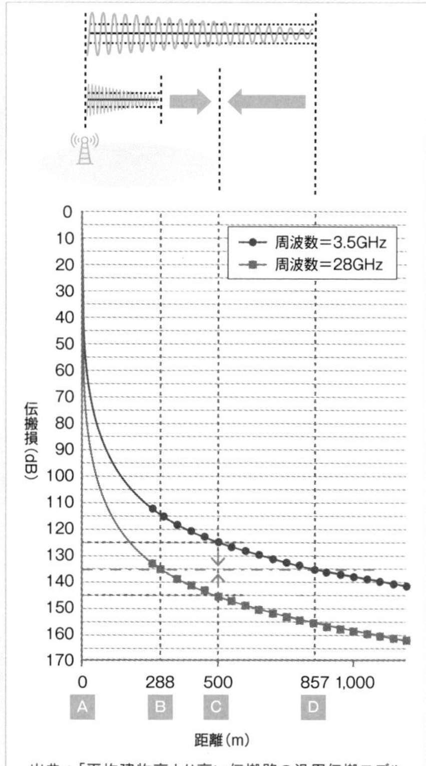

出典：「平均建物高より高い伝搬路の汎用伝搬モデル～300 MHzから100 GHzの周波数範囲における短距離屋外無線通信システムと無線ローカルエリアネットワークの計画のための伝搬データと予測方法～」,ITU-R P.1411-10 (2019)

※9　送信機や受信機の性能が同じと仮定して周波数による電波の伝わり方の差だけを比較した場合の例です。
※10　28GHz帯の電波の送信電力を10倍にします。

第3章

5Gは電波の達人

～よりよく電波を利用するための5Gの工夫～

より「太い」電波を求めて

狭まる空き地

たくさんの情報を無線通信で伝送するためには広い周波数帯域が必要です。一方で、携帯電話の利用に適した周波数帯は他のさまざまな分野でも使われていて、新たに利用できる場所は限られています（**2-2**参照）。

山に掘るトンネルにたとえると、低い山は既に多くのトンネルが通っていて新しく広い道路を通す場所がなくなっている状況です。このため、新天地を求めて少しずつ高くて大きい山に工夫を凝らして幅の広いトンネルを掘り、車線の多い太い道路を通す工夫が行われてきています（図3-1）。

新天地を求めて

5Gでは、従来の携帯電話システムより一段と周波数の高い**ミリ波帯**※1と呼ばれる周波数帯を使い、数百MHz幅の**広い帯域幅を利用した高速伝送**を実現します。第4世代（LTE）と第5世代（NR）携帯電話システムの国際標準規格に記載されている世界中（日本も含む）の周波数帯を図3-2に示します。なお、図の目盛りは対数で示した周波数です※2。

第4世代（図の灰色の線）では、利用する周波数帯は6GHzより低い帯域でしたが、5G（青線）では、30GHz付近に新しく数百MHz幅を超える周波数帯が利用対象の帯域として追加されています。

ミリ波帯の電波を扱うには**高度な技術や消費電力を低減する工夫が必要**となるため、5Gでは最先端の技術を使って経済的に通信を行うしくみが適用されています。また、高い山にトンネルを掘る際に自然環境の保護に配慮するのと同様に、**この帯域を利用している衛星通信や電波天文をはじめとする無線システムと共存できるように注意深く5Gの設置と運用が行われています。**

次節からは、太さだけではなく効率的な通信を可能にするために5Gで導入されている技術をいくつか解説します。

※1 電波の周波数が30GHz（波長10mm）から300GHz（波長1mm）と非常に高く、波長がミリの桁の長さの帯域です。

※2 1MHz、1GHzは、それぞれ1秒間に100万回と10億回の振動です。

図3-1 未開拓の高い山に広いトンネルを掘る

図3-2 国際標準規格（携帯電話）の周波数帯（対数目盛り）

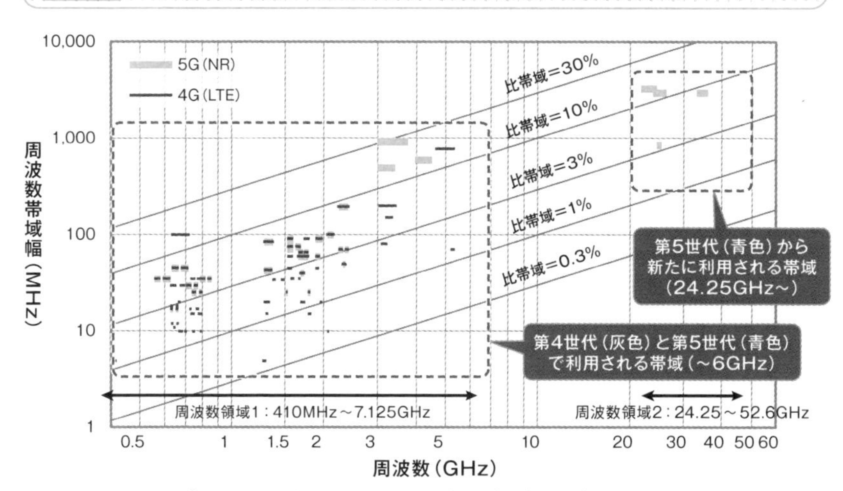

出典：3GPP TS 36.101,「ユーザ装置の無線送受信特性規定（LTE用）」（V.15.4.0）2018-10
3GPP TS 38.101-1,「ユーザ装置の無線送受信特性規定（5G新無線方式用その1、周波数領域1・独立運用型）」（V.15.3.0）2018-10
3GPP TS 38.101-2,「ユーザ装置の無線送受信特性規定（5G新無線方式用その2、周波数領域2・独立運用型）」（V.15.3.0）2018-10（URL：https://www.3gpp.org/）

Point

- 5Gでは、より広い周波数帯を利用するため、高い周波数帯も活用する
- ミリ波帯利用の際には、高度な最新技術と消費電力低減の工夫を導入
- 同じ帯域を利用する他のシステムとの共存を前提に設置・運用される

» 太い電波をさらに束ねて送る

ない袖は振れない

図3-3は、図3-2を普通の目盛り（線形目盛り）で書き直したものです。ある量の情報を伝送するのに必要な電波の幅（周波数帯域幅）は、伝送に使う電波の周波数の高低によらず同じですが、高速伝送用の広い帯域を低いほうの周波数帯で捻出するのはとても難しいことがわかります。

お隣さんとの距離を取る

大きな音の楽器を練習するときは、お互いに距離を置くか、壁で仕切った個室に入る必要があります（図3-4ⓐ、ⓑ）。さらに大勢で合奏する場合には広くて音響のよい部屋と、ぶ厚い壁が必要になります。天井や壁がゆがんでしまわないようにしながら広くて音響のよい部屋を建築するためには、進歩した素材や建築技術が必要になります（同図ⓒ）。

電波も同様で、隣の周波数で別の仕事をしている電波との混信を避けながら同じ**帯域を共用**するには隙間（**ガードバンド**）が必要です。ムダな隙間を狭くするには間を仕切る性能のよい壁（フィルター）が必要です。より広い帯域で情報を伝送する場合でも、可能な限り間仕切りは薄くしたうえで情報を送る帯域内のゆがみ（ひずみ）を抑える必要があり、**性能の優れた部品素材と適切な利用技術の採用**が重要となります。

束ねて送る、もっと広くする

第4世代のシステム（4G）では、情報を送る電波のひとかたまりは20MHz幅を単位にして、必要な場合はそれを複数束ねて使う**キャリアアグリゲーション**※3と呼ぶしくみを導入しました。5Gでは、より高い周波数帯を利用した場合の束ねの単位を最大400MHzにしたうえで、これを最大16に束ねて伝送するしくみを導入しています。そこに新しい素材技術や高い周波数の利用技術を利用することで超高速の伝送が可能になっています。

※3 情報を搬送する電波（Carrier）を束ねる（Aggregation）ことからついた呼称です。

図3-3 国際標準規格（携帯電話）の周波数帯（線形目盛り）

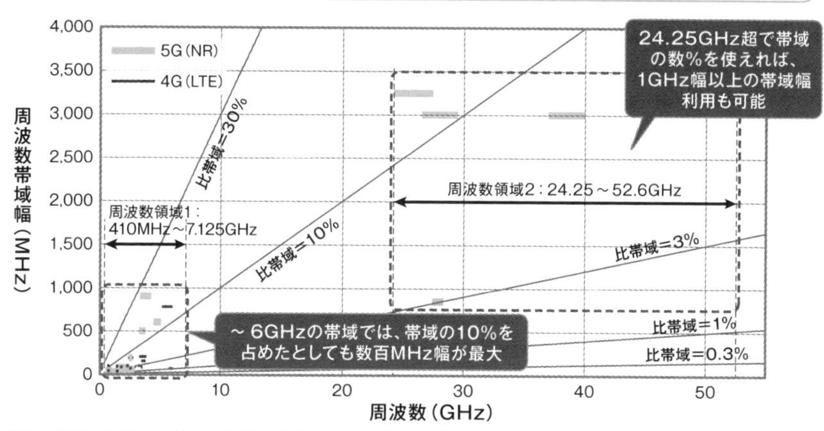

出典：3GPP TS 36.101,「ユーザ装置の無線送受信特性規定（LTE用）」(V.15.4.0) 2018-10
3GPP TS 38.101-1,「ユーザ装置の無線送受信特性規定（5G新無線方式用その1、周波数領域1・独立運用型)」(V.15.3.0) 2018-10
3GPP TS 38.101-2,「ユーザ装置の無線送受信特性規定（5G新無線方式用その2、周波数領域2・独立運用型)」(V.15.3.0) 2018-10（URL：https://www.3gpp.org/）

図3-4 大きな音を出すには広い部屋と遮音壁が必要

ⓐ互いに距離を取る　ⓑ個室に分かれる

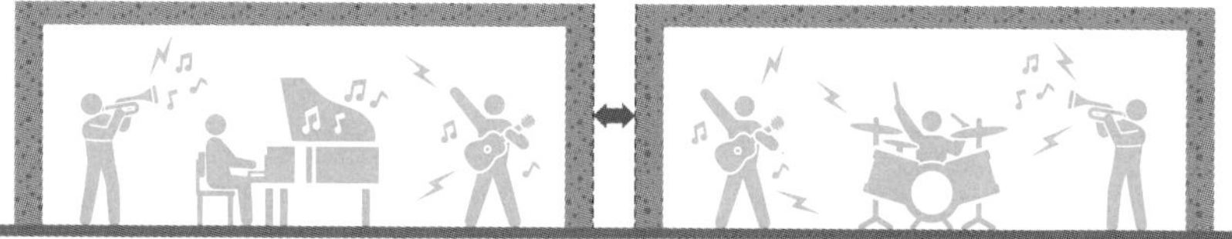

ⓒ合奏で大きな音を出すには広い部屋と性能のよい遮音壁が必要

Point

- 高速伝送を行うには広い帯域が利用できる高い周波数帯が有用
- 広い帯域での情報伝送には、伝送帯域内のひずみが少なくて隣接周波数帯への電波の干渉を抑圧可能な高度な部品素材とその利用技術が必要
- 5Gでは、従来より数倍広い帯域を利用する。さらに、それを複数束ねて伝送することで超高速の情報伝送が可能

» 電波をリサイクル（再利用）する

隣とは違う周波数を使う

図1-10でハンドオーバの話をした際に「セルラー方式」という言葉を説明しました。1つの基地局はそれぞれが電波の届く領域を守備範囲にしていて、それぞれを**セル**と呼びます。

一般には、隣接する隣同士のセルでは電波が混信しないように互いに違う周波数を利用します※4。図3-5に示すように、セル1の基地局は周波数1を使って通信しますが、隣のセル2では周波数2、セル3では周波数3と、**互いに隣のセルとは異なる周波数**で通信を行います。

セル1で通信中の携帯電話機が隣のセル2に移動する際には、**ハンドオーバで隣の基地局に「バトンタッチ」する瞬間のごく短い時間で周波数を1から2に切り替えて通信を継続します。**

隣の隣でリサイクルする

図3-5をよく見ると、セル1の基地局から送信された周波数1の電波は基地局から離れるにつれて減衰し、セル2を通過してセル3の境界まで届く頃にはとても弱い電波になっています。

このような電波の性質を利用して、図3-6に示すように、セル1で使った周波数1を1つ置いた隣の隣にあるセル3でリサイクル（**再利用**）することが可能です。利用する周波数帯や送信電力、伝送速度などによっては、電波がもう少し遠くなることもあり、その場合には周波数を再利用するセルの間隔を長くする場合もあります。

このように周波数を再利用すると多くの携帯電話機を限られた電波（周波数の幅）で収容できるようになり、通信システム全体として**周波数利用効率**を大幅に改善することができます。

※4 **1-8**で解説した符号多重伝送のしくみなどを利用すれば、一定の条件下で隣接するセルで同じ周波数を使うことも可能です。

図3-5　隣とは違う周波数を使う

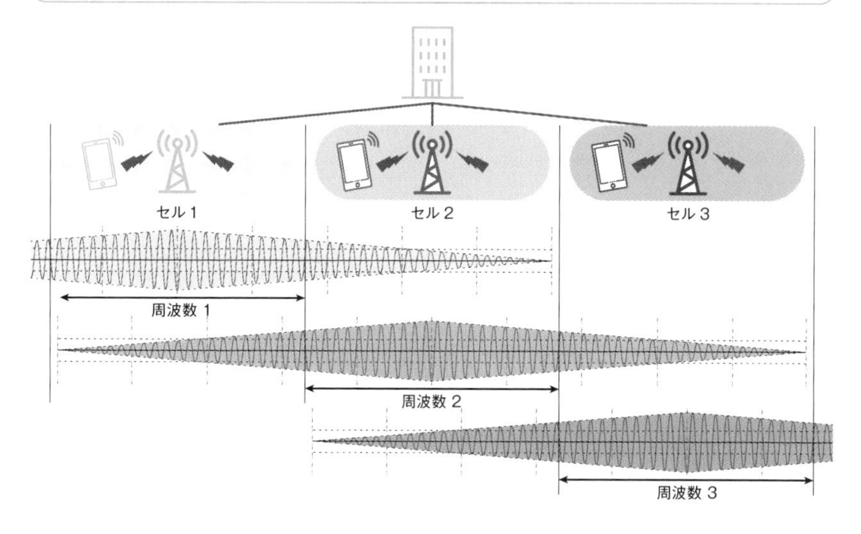

図3-6　1つ置きに同じ周波数をリサイクルする

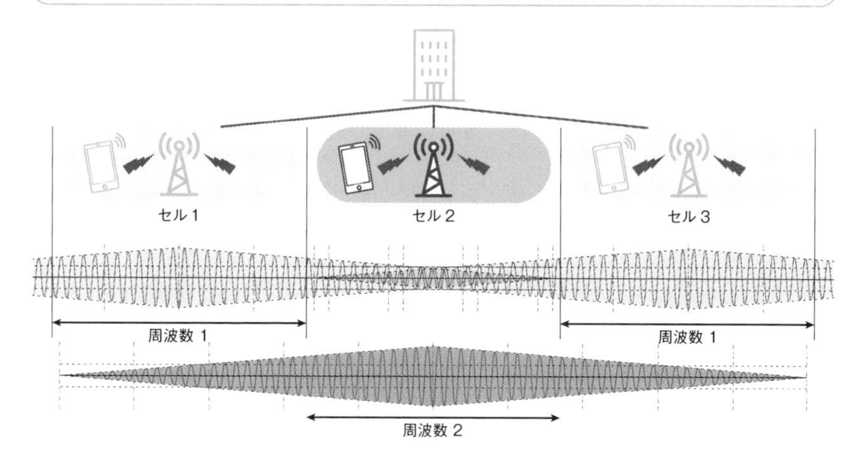

Point

- 隣り合うセルでは、互いに違う周波数の電波で通信を行う
- 通信中に隣のセルへ移動した瞬間に周波数の切替えを自動的に行う
- 電波が届かない距離に離れたセル同士では同じ周波数を再利用することで、システム全体の周波数利用効率が大幅に改善できる

ご近所同士で融通し合う

隣とも同じ周波数を融通し合う

さらに周波数利用効率を改善する話です。前節で「隣接するセル同士は互いに違う周波数で通信する」と解説しましたが、ここでは隣のセル同士で協調して電波（周波数）を融通し合うしくみについてお話しします。

図3-7の例では、セル1とセル2の基地局がそれぞれ周波数1と2、周波数1と3の2つの電波を使って通信を行います。それぞれのセル（基地局）はさらに大小2種類のセルを持っていて、小さいほうのセルは基地局に比較的近いエリアを、大きいほうのセルは隣の基地局との「縄張り」の境界までをカバーします。1つの基地局で、大小2種類のセルの中にいる2つの携帯電話機と異なる周波数を使って通信を行うことができます。

このようなセルの「2階建て」構成を**オーバレイ**と呼びます。

隣とも同じ周波数を融通し合う

小さいほうのセルの通信は、電波の伝搬距離が短いので減衰量も小さくなるため、基地局は小さい送信電力で通信を行います。小さいセルの中にいる携帯電話機の通信には十分ですが、この電波は大きなセルの端を越えて、隣のセルの小さいセルの境界に届くときには減衰してしまいます。

このような電波の特性を利用して、隣の基地局の小さいほうのセルでも同じ周波数を再利用することができます。大きなセル同士はセルの境界付近での混信を避けるために、互いに違う周波数で通信を行います。

このようにして両方のセルで「2階建て」構成にして**小さいほうのセルで共通の周波数を利用する**ことで、効率よく周波数のリサイクル利用ができます。また、同じ周波数を利用するセルの間で伝搬条件の変動や携帯電話機の移動などによって混信や干渉が発生する場合、基地局同士が連携してそれぞれのセル内の情報を共有し、送信電力の調整をしたり混信しない周波数への切替制御などを行ったりするしくみ（**セル間協調**）も用意されています。

図3-7　「2階建て」セル構成で周波数を融通し合う

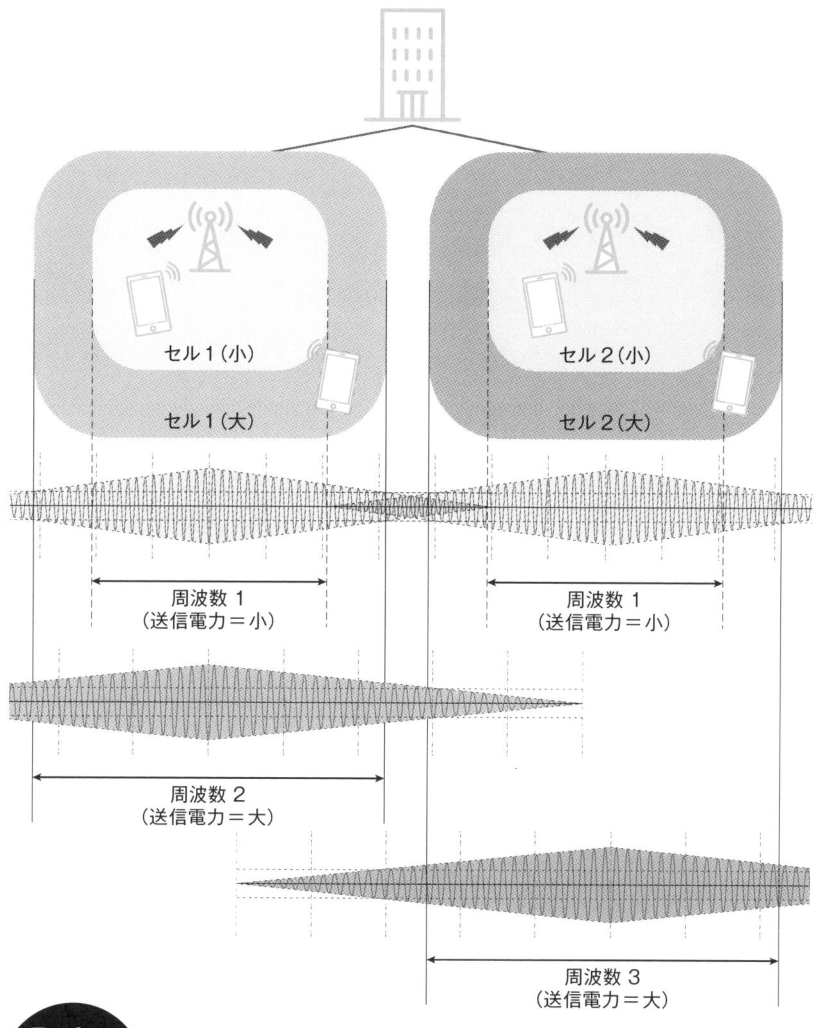

Point

- 大小2種類のセルの2階建て構成で通信するオーバレイ
- 小セルの通信では、送信電力を調整することで、隣接するセルの小セルに対する混信を低減して同じ周波数を使った通信が可能になる
- 携帯電話機の移動に伴う混信などが発生しないように、基地局同士が連携して周波数を切り替える制御などが行われる

大勢で合唱する、たくさんの耳で聴く

2つのアンテナで送信してみる

2つのアンテナ（1と2）を長さdのヒモで結んで立て（図3-8ⓐ）、互いに反対極性の電波を送信します。離れたところ（アンテナ3）で受信すると2つの電波の山と谷が打ち消し合って何も受信されません。

ヒモを結んだままアンテナ2をL_1だけ右にズラす（ⓑ）と、電波の重なり具合が変わって受信できるようになります。さらにアンテナ2を電波の波長の半分の距離（L_2）だけズラすと、2つの電波の山と山、谷と谷が重なって強め合い、ちょうど2倍（最大）の大きさで届きます（ⓒ）。

角度を変えてみる

図3-9は、アンテナ1と2が縦に並ぶように図3-8の3つの図を回転させて並べ直したものです。2つのアンテナから見た方向によって電波の届き方がゼロから2倍（最大）まで変化していることがわかります。

2つの電波のズラし方のほうを調整すれば、**ゼロと最大の方向（角度）を制御**できます（ビーム・フォーミング）。また、アンテナの数を増やすと、**最大方向に届く電波の強さをさらに大きくすること**も可能です。

このようにアンテナを並べて利用するしくみをアレーアンテナと呼びます。また、複数のアンテナで受信した電波をズラしながら合成することで、特定の方向から届く電波を選択的に受信することも可能です。

縦・横・斜めに制御する

5Gで波長の短いミリ波帯を利用する場合は、短いアンテナ素子が利用できるので多数の素子を並べてもサイズが小さくて済みます。このため、アンテナ素子を縦と横に格子状に配置して送受信する電波が最大になる方向を縦でも横でも制御可能な超多素子アンテナの利用が可能です※5。

※5 アレーアンテナと同様に複数のアンテナを使う送受信方法として、MIMO（Multi Input Multi Output）があります。「異なる情報を異なる音色の信号」で複数のアンテナから送信し、受信側で「音色による響き（伝搬状況）」の違いを使ってそれぞれの情報を「聞き分ける」技術です。原理は異なりますが、歌曲の二重唱でソプラノとアルトが違う歌詞を歌っても聞き分けられるのと状況が似ています。

図3-8　**2つのアンテナから同時に電波を発射する**

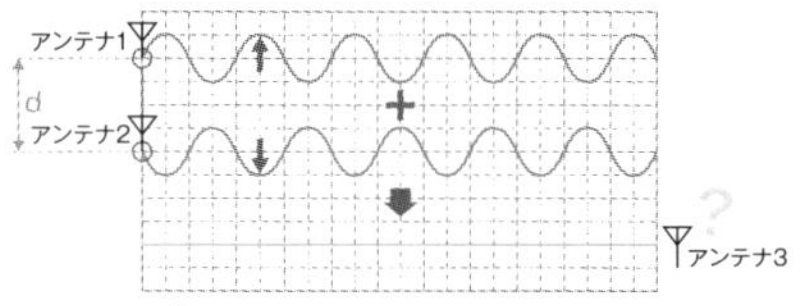

ⓐ打ち消し合って何も届かない

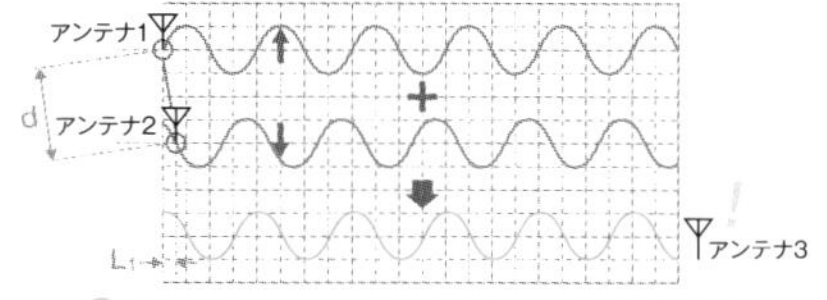

ⓑアンテナ2を少しズラすと電波が届き出す

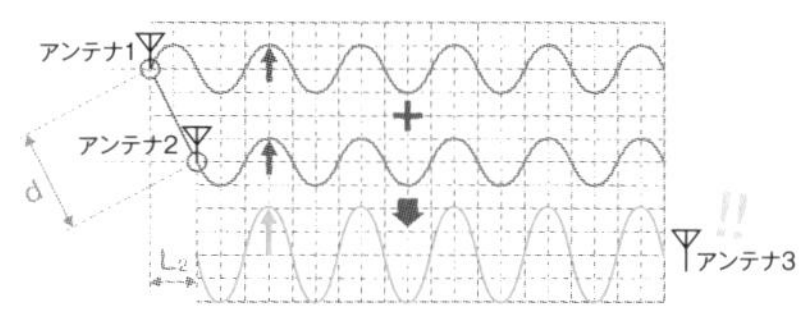

ⓒアンテナ2をさらにズラすと強め合って最大になる

図3-9　**方向によって電波の届き方が変わる**

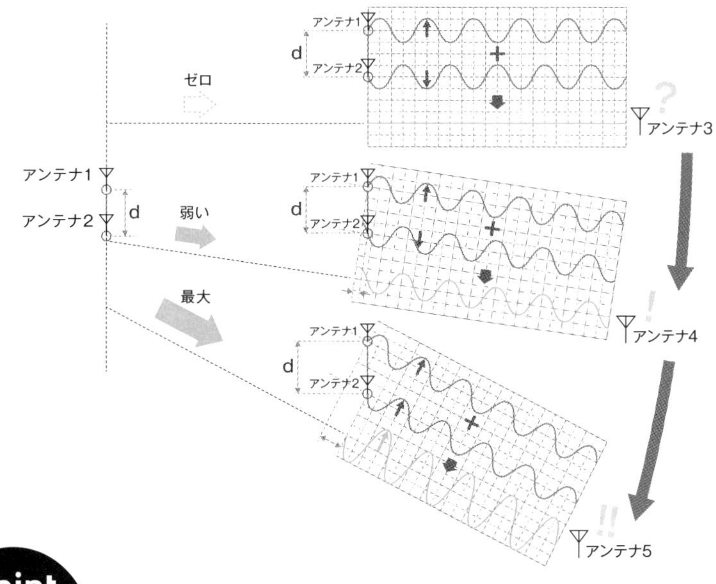

Point

- 複数のアンテナ素子を利用して方向を特定して電波を選択的に送受信したり除去したりすることができる
- 5Gでは、波長の短いミリ波帯を利用できるので、短いアンテナ素子を多数配置して、縦横斜め方向との通信を自在に制御することも可能

多少の「遅刻」は織り込み済

残響が多いと聞き取れない

残響の大きい管を通した声や、エコーの多い屋外放送のアナウンスは、残響同士が干渉し合ってとても聞き取りづらくなります（図3-10）。

無線通信の電波には、送信地点から受信地点に直接届く電波（先行波）もあれば、少し離れた建物の壁面などに反射して少し遅れて届く電波（遅延波）もあります。このような状態を**マルチパス伝搬**と呼び、先行波と遅延波が互いに干渉することで正しい情報を受信することが難しくなります。

図3-11は、先行波と時間（τ）だけ遅れて届く遅延波が重なって受信される様子を模式的に示しています。図の左側のように、前後の文字が重なって判読不能になります。遅れる分だけ文字の間に隙間を空けてみても（同図右側）、同一文字情報内で重なって正しく判読することができません。

多少の「遅刻」は織り込み済

「直交周波数分割多重」（**1-9**参照）では、図3-12に示すように、伝送する文字情報を1文字ずつ時間軸方向に伸ばし、時間を掛けて（周波数方向はその分圧縮します）情報伝送を行います。その際に、直前の文字情報との間に**ガード区間**と呼ぶ隙間を用意します。ガード区間の長さは遅延波が遅れる分だけ確保します。

マルチパス伝搬が発生して遅延波（図の青字）が重なって受信されても、ガード区間の範囲であれば前後の別の文字と干渉することはなく、また、文字が重なった部分も時間方向に圧縮し直せば判読できます※6。

5Gに適用される直交周波数分割多重は、**利用される環境に適応して複数のガード区間を使い分けることも可能**なしくみになっています。

※6 実際の通信システムでは、同一情報文字（シンボル）内でのマルチパス伝搬干渉の影響は電波の振幅と位相が一定量シフトするだけで補正できる性質を利用しています。

図3-10 残響が多いと聞き取れない

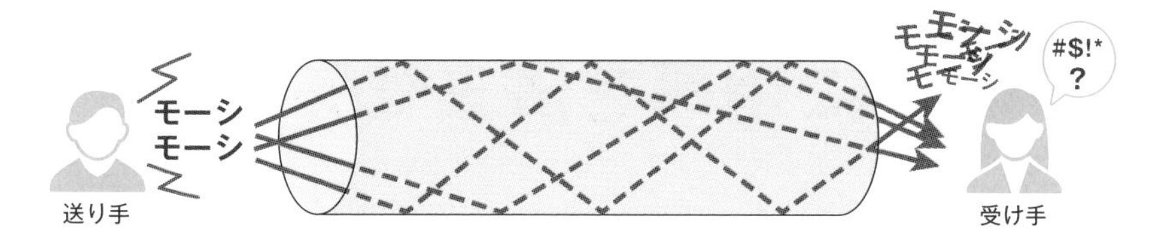

図3-11 先行波と遅延波が重なると正しく受信できない

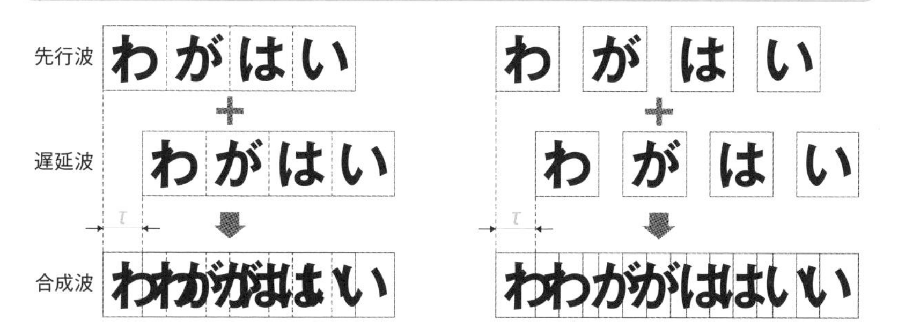

図3-12 ガード区間（τ）を設けて多少の遅延は織り込み済にする

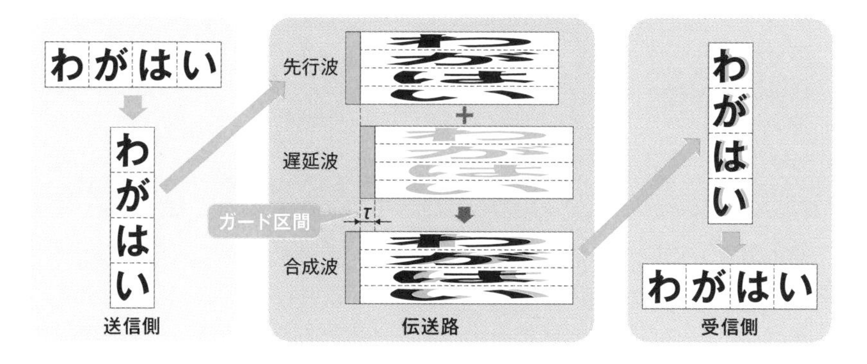

Point

- マルチパス伝搬下では、先行波と遅延波が干渉して受信の妨げとなる
- 直交周波数分割多重では、ガード区間を設けて遅延波の影響を吸収する
- 5Gでは、利用環境に応じて複数の長さのガード区間を選ぶことが可能

「間引き運転」で節約し、ついでに用事を済ませる

「使ってないとき」の仕掛け

電話やメールで送受信をしたり、アプリケーションの動作には、電池に充電した電力が使われたりします。実は「何もしていない」ときでも着信信号の監視などのために**待ち受け**と呼ばれる受信動作が行われています(**5-9**でさらに具体的な5Gでのしくみを解説します)。

ただし、連続して受信動作を行うと電池の消耗が早くなるため、あらかじめ決められた間隔とタイミングで間引きしながら受信を行う**間欠受信**によって平均の電力消費を低くするしくみを使っています。

間引きの間隔が長くなるほど平均の消費電力は小さくなりますが、**長くし過ぎると着信への応答が長くなったり、とても重要な地震・津波に関する警報情報の受信が遅れたりしてしまう**ため、通常の用途では受信間隔は例えば1.25秒に設定されます。また、着信信号の監視のために受信を始めたときには、ついでに**周辺にある他の基地局の電波の強さも測定**して、より良好に受信できる電波がないかも効率よく監視します。

間欠受信したタイミングで自局宛ての着信が発生した場合は、連続受信に移行して通信を開始します（図3-13)。

1つの電池を共通利用

携帯電話の電池に充電されている電力は、電波の送受信以外にもさまざまなアプリケーションプログラムの処理などに使われます。図3-14は、フル充電した電池の電力を連続通話時間と連続待ち受け時間、そしてアプリケーションの動作・表示他の3つに案分する場合の試算例を示しています。

実際の電力消費は使い方や周囲の条件で変わるため、図のような三角形平面に沿った単純な配分にはなりませんが、図に示した点は3日間（72時間）待ち受け受信する間にアプリケーションを9時間（1日当たり3時間)、送受信（通話やアプリケーションを使った通信）を計2時間強行うという利用時間配分の例を示しています。

図3-13 待ち受け中の間欠受信

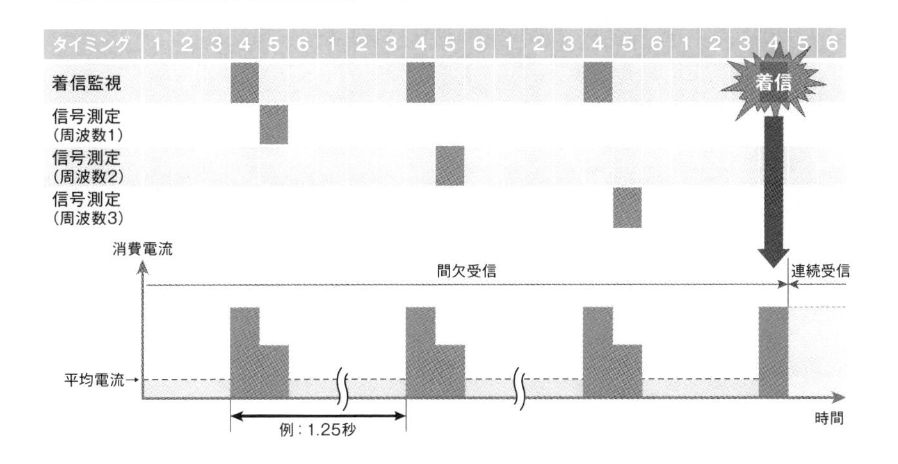

図3-14 携帯電話端末の利用時間配分の試算例

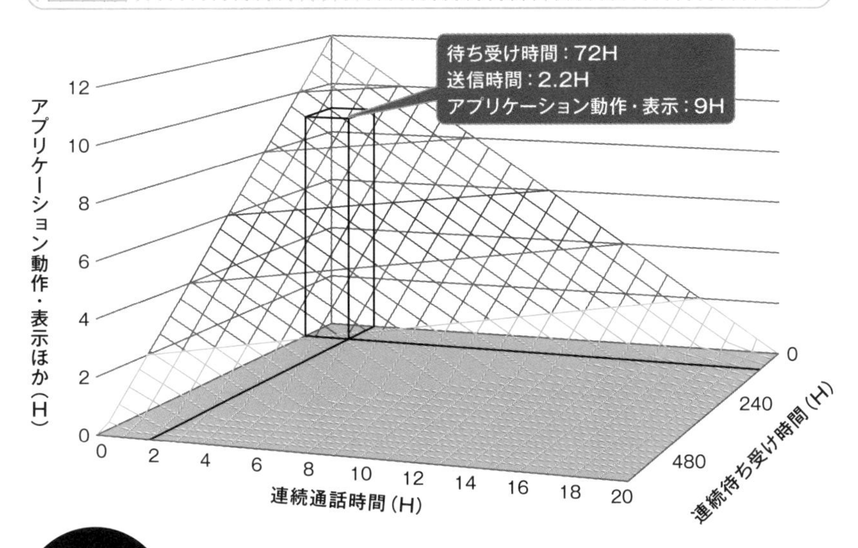

Point

- 携帯電話は「使っていない」ときも待ち受けのために受信動作を行う
- 着信監視の際には、間欠受信で平均的な消費電力を低減する
- 間欠受信の間隔は、着信応答や緊急の通知などが適切な時間内に処理できる

「急ぎの貴重な荷物」を速達書留で運ぶ

「高速」でも「遅い」？

図3-15は、伝送路誤りに対処するための誤り訂正、インターリーブ、誤り検出と再送を示した図（図2-18）を実際に電波で伝送する時間を加味して書き直したものです。送信側では、一連の処理が4文字ごとに行われて12文字分の情報が電波で送信され、受信側では12文字分すべての受信が完了してから情報を復号する処理が完了します。図の「**無線フレームの処理単位時間**」は、受信処理に必要な12文字分を電波で伝送するために掛かる時間を示しています。

情報を送ってから受信側が情報を受け取り終わるまでの時間が遅れると問題になるような場合、例えば機械の制御のための通信など、高速な応答が必要な用途では、「無線フレームの処理単位時間」を短くして**低遅延で伝送**することが重要になります。

短い「無線フレームの処理単位時間」で低遅延・高信頼伝送

図3-16は、第2世代以降のデジタル通信を利用した携帯電話システムのいくつかについて、「無線フレームの処理単位時間」を並べたものです。

処理単位時間は世代を追うに従って短くなり、5Gでは最も短いもので1秒の4000分の1の0.25msまで短縮されて、無線部分での通信を1ms※7で完了する低遅延伝送が可能になっています。

また、確実な情報伝送が必要な用途に向けては、高度な誤り訂正技術と短い「無線フレームの処理単位時間」を組み合わせることで、1ms以内に99.999％の成功確率で高信頼の情報伝送を実現するしくみ（**高信頼伝送**）が導入されています。

※7 1msは1秒の1000分の1です。0.25msはそのさらに4分の1の時間です。

図3-15 無線フレームの処理単位時間長

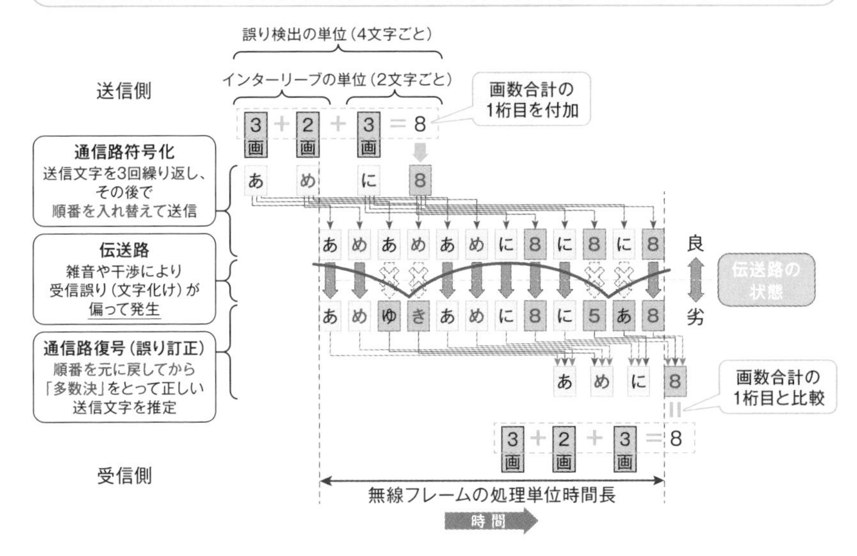

図3-16 通信システムの無線フレーム処理単位時間

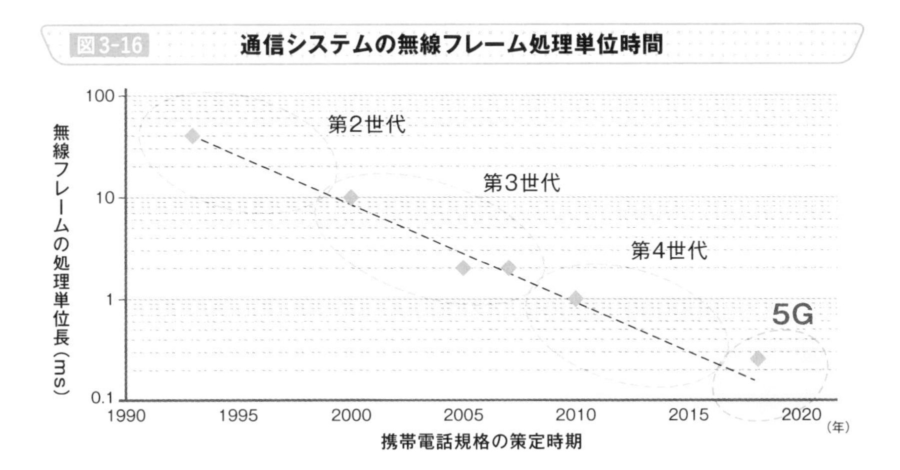

Point

- 情報は一定の長さの「無線フレーム処理単位」にして伝送される
- 受信側に情報が届くまでに「無線フレーム処理単位」の時間が必要
- 情報伝送の際に高速の応答が必要な機械制御などでは、短い「無線フレーム処理単位」が重要。5Gでは最短1秒の4000分の1

情報を確かに届ける

宝くじに当たらないくらい確かなこと

いきなり夢のない話で恐縮ですが、10万枚に1枚が1等賞という宝くじの1等賞に当たらない確率（期待値）は1-(1÷10万）で99.999％です。ただし、絶対に当たらないわけではなく、10万枚に1枚の割合、つまり0.001％の確率で1等賞に当選します。

前節は1msの間に99.999％の確率で誤りなく情報伝送する話でしたが、ここでは再送（**2-10**参照）を行ったときの効果について高信頼伝送の観点から改めて解説します。

「ジョーカー」を引かなくなるまで繰り返す

1枚だけジョーカーが入っている10枚のトランプから1枚をランダムに選ぶことを考えます（図3-17左側)。ジョーカーを引いたら「失敗」、それ以外を「成功」とすると、1回目に失敗する確率は10％です。失敗したらジョーカーを戻してやり直します。1回目に続けて2回目も失敗する確率は10％の10分の1で1％です。以下、失敗し続ける確率は10分の1ずつ小さくなって5回連続で失敗する確率は0.001％、5回目までに成功する確率の合計は99.999％です。

再送による情報伝送も同様で、90％の確率で正しく情報が届く伝送を5回繰り返すと5回以内に99.999％の確からしさで情報を伝送することが可能になります（図3-17右側)。

再送回数を増やしていくと正しく情報伝送できる確率はより100％に近づきますが、再送する分だけ長い時間が必要となります。また、1回の伝送で正しく情報伝送できる確率を大きくすると、より少ない再送回数で伝送を成功して完了できる確率が増えます。

5Gでは、**再送のための処理時間が従来よりも短くできるしくみが用意されていて**、高度な誤り訂正技術との組合せによって、短時間により高い確率で誤りのない情報伝送（高信頼伝送）を行うことが可能になっています。

図3-17 ジョーカーを引かなくなるまで繰り返す

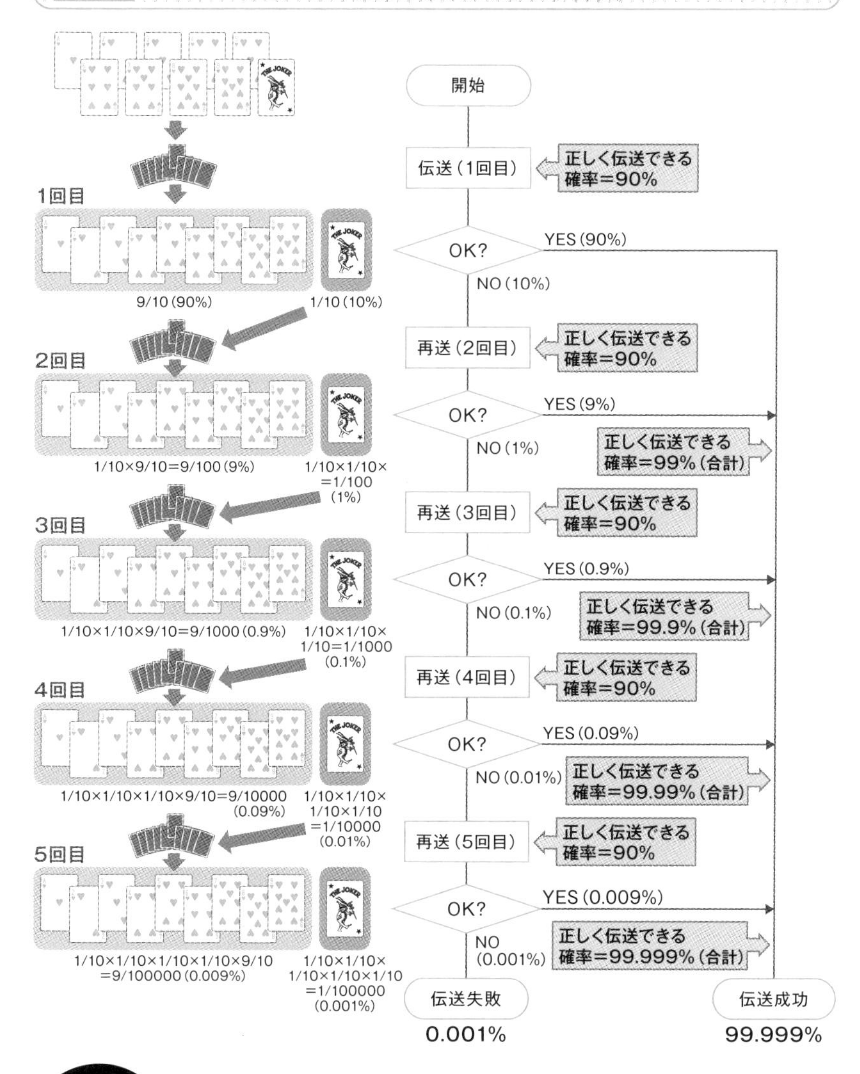

Point

- 再送を繰り返すと、誤りなく情報伝送できる確率は100%に近づく
- 1回の伝送で誤りなく伝送できる確率が大きくなると、少ない再送回数で誤りなく情報伝送できる確率が大きくなる
- 5Gでは、従来よりも短い時間で再送処理を行い高信頼で伝送

「ワイガヤ教室」にしないために

挙手して当てられてから発言する

学校の授業で生徒が発言しようとする場合、まず挙手をして先生が指名してから発言をします。みんながてんでに発言を始めたら教室はワイワイガヤガヤと雑音だらけで授業が進みません（図3-18）。

携帯電話においても、それぞれの携帯電話機が用事のあるとき（信号を基地局に送信したいとき）に、勝手に送信を始めると互いに混信して誰一人として通信を行うことができなくなってしまいます。

到着順に連絡、空いた順に割り当て

携帯電話では、1つの基地局が担当する1つのエリアにたくさんの携帯電話機があって、それぞれがてんでに通信を始めたり停止したりします。秩序のある効率的な通信を行うために、通信を始めるときに電波の交通整理を行うしくみのことを**ランダムアクセス制御**と呼びます。

トラックの配送センターで、秩序のある効率的な荷降ろしを実現するしくみの例で説明します（図3-19）。次々と到着するトラックは、配送基地の入口でいったん停車してクラクションを鳴らして到着を知らせます。配送基地では、空いているベルトコンベアを指定してトラックを順番に誘導し、指定されたベルトコンベアに荷卸しします。

実際の携帯電話システムでは、**それぞれの携帯電話機がデータ（荷物）を送信しようとするタイミングで、目印の電波（クラクション）を基地局に送って知らせます**。5Gでは目印の電波が複数用意されていて、同時に複数の携帯電話機から目印の電波が届いても基地局でそれぞれを聞き分けることができるように工夫されています。聞き分けた目印に従って空いている電波をそれぞれの携帯電話機に割り当てる指示をすると、各携帯電話機は指定された電波の周波数と帯域を使って実際のデータ伝送を始めます。

5Gでは、できるだけ多くの携帯電話機のデータ伝送の要求を効率よく、公平に処理できるように交通整理のしくみが整えられています。

図3-18　手を挙げてから発言する

ⓐワイワイガヤガヤ

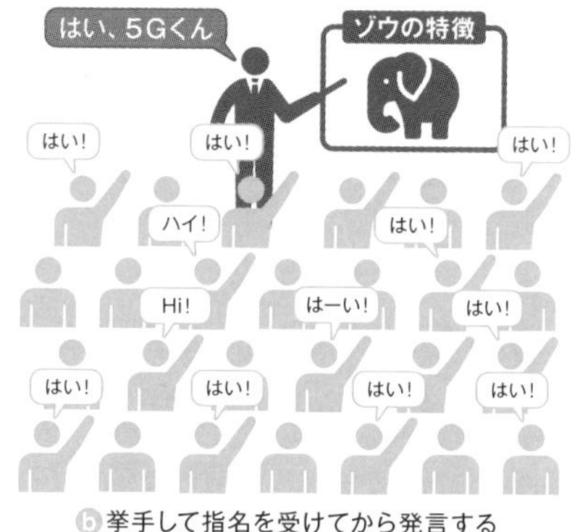

ⓑ挙手して指名を受けてから発言する

図3-19　荷物の受け入れ口を交通整理する

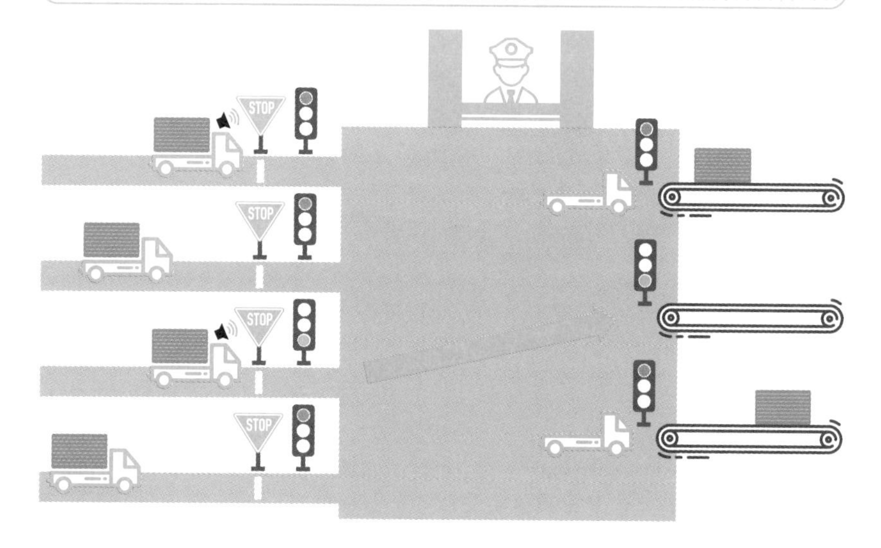

Point

- 携帯電話機が情報伝送を始めるときに、基地局に目印の電波を送って通知し、情報伝送のための電波の指定を受けてからデータ伝送を始める
- 目印の電波は複数用意されていて、重なって送信されてもそれぞれを聞き分けて電波の指定を効率的に行うしくみが用意されている

「とてもたくさん」を扱う

クラスを分ける

前節では学校の授業で生徒が発言しようとする場合の話をしました。ここでは、生徒の数がたくさんになったらどうすればよいか説明します。

大きな教室にたくさんの生徒を集めることもできますが、挙手が多いと先生が指名するのも大変ですし、順番が回ってくるまでに時間が掛かります。よりたくさんの生徒に発言の機会を与えるには、教員を増員して別々の教室で授業する方法が有効です（図3-20）。

小口の配送センターをたくさん設ける

非常に多数のモノとモノの通信を提供するしくみが5Gには用意されています（**1-2**参照）。図3-21は、図3-19と同様の荷物の配送センターを描いています。ただし、今回はトラックではなく二輪車や徒歩で比較的小さな荷物を運んでくる多数の小口の利用者が対象です。

ひとつひとつの荷物は小さいので、入口の道路も細ければ荷物を配送するベルトコンベアも小型ですが、数がとても多くなっています。荷物（情報）の配送方法は図3-19と同じ方法です。このような小口の配送センターを多数用意して地域に必要な数だけ配置することで、単位面積当たりにとてもたくさんの小口利用者の荷物を預かって運ぶことが可能になります。

5Gのモノとモノの通信も考え方は同じです。多数のモノとの通信を提供するために、**細い伝送路をたくさん用意した基地局を地域の需要に応じて密度を高く配置する**※8ことで、1平方キロメートル当たり100万個を超える数のモノ（センサーなど）との**多数接続**が可能になります。

※8 5Gでは、500m間隔で基地局を配置して180kHz幅の電波を使うと1平方キロメートル当たり300万個を超えるモノを収容可能という見積結果が得られています。

図3-20　**大勢いるときはクラス分けする**

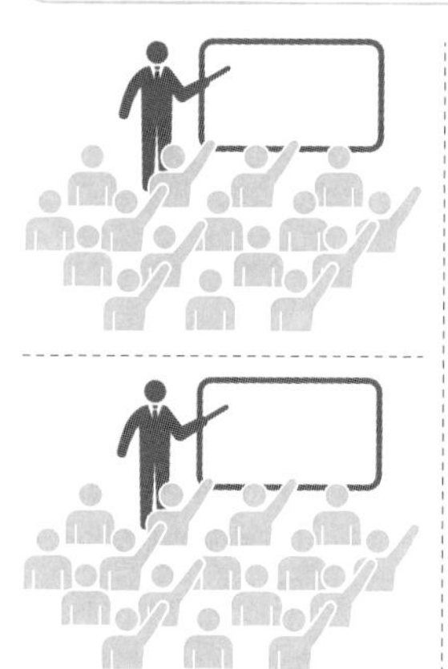
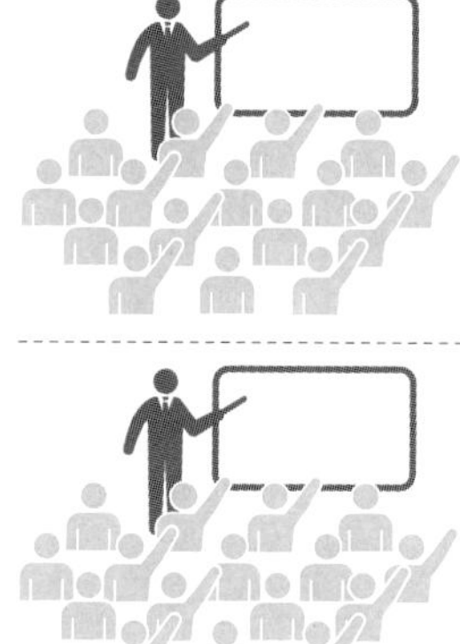
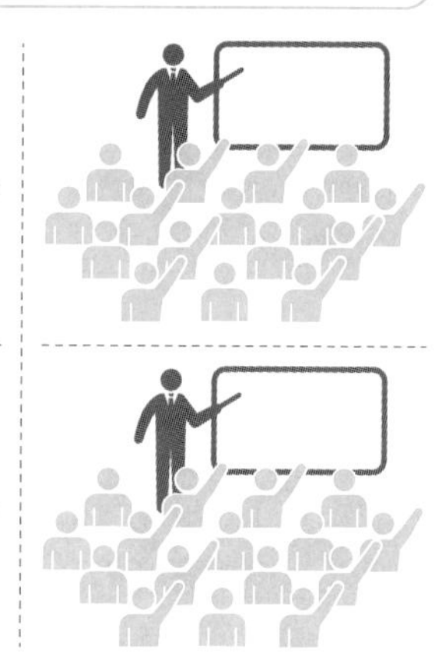

図3-21　**小口の配送センターをたくさん設ける**

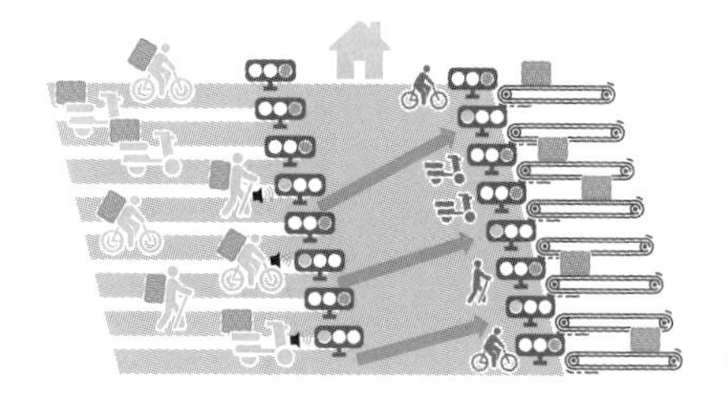
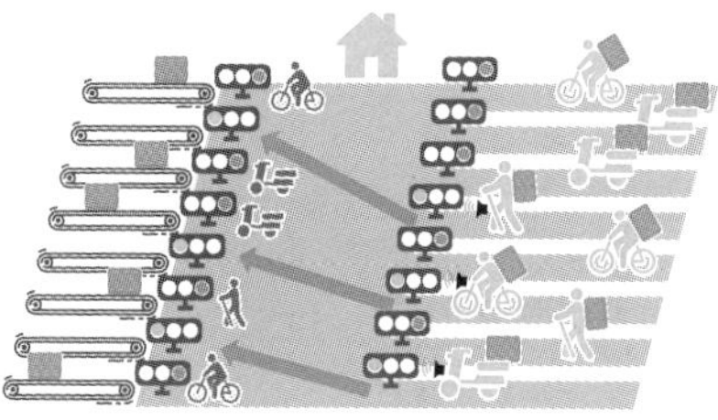
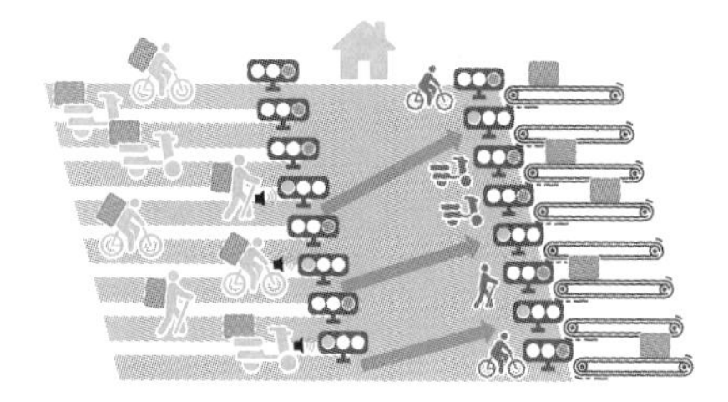
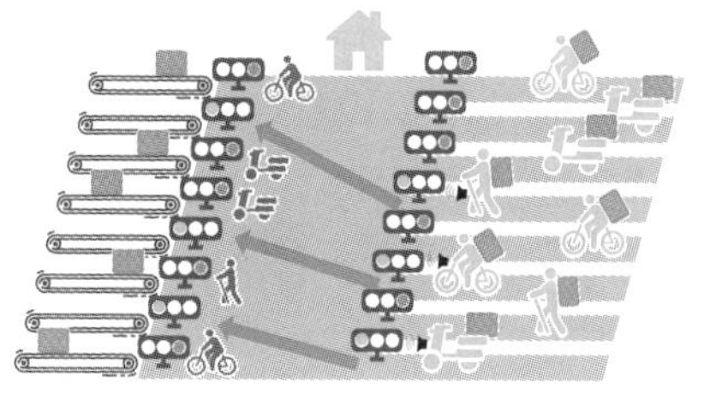

Point

- 多数の小口（低速データ）の利用者（モノ）を収容するため、細い伝送路をたくさん提供する無線ネットワークを、必要な地域に密度を高く設置する

やってみよう

小さいセルで利用する帯域幅比を算出する

第2章の「やってみよう」では、電波の周波数によって到達距離が変わること、ある距離にちょうどよい強さの電波が届くように送信電力を調整することについて考えました。また、**3-4**では「2階建て」のセル構成（オーバレイ）について解説しました。

ここでは、周波数の異なる電波で携帯電話のセルを構成するとどうなるかについて考えてみます。第2章の「やってみよう」の図の条件では3.5GHz帯の電波で約860m、28GHz帯の電波で約300mが電波の届く距離です。半径860mと半径300mの円を描いて大きいほうの円の内側に小さい円を詰め込むと右の図のようになります。それぞれの円の中心に携帯電話の基地局を設置すると、大小2種類の携帯電話のセルがオーバレイした構成を真上から見た図になります。

大小2種類のセルによるオーバレイ構成

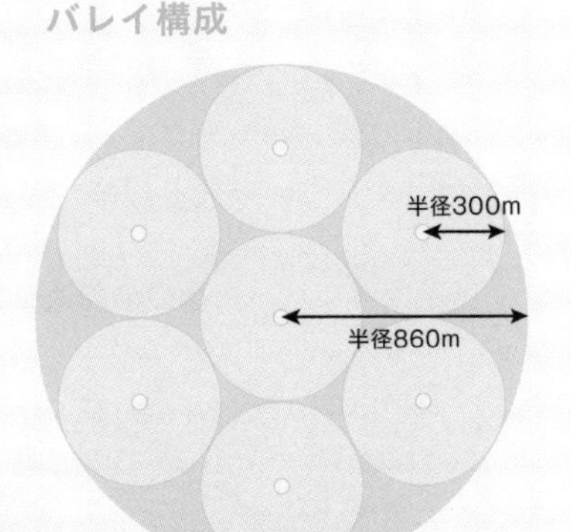

半径860mの1つの大セルと半径300mの7つのセルで通信に使う帯域幅の比を下の表で試算してみましょう。小セルは大セルより8倍高い周波数帯を使うので、通信に利用する帯域幅が電波の周波数に比例すると仮定すれば小セル帯域幅は8倍になります※9。小セルの数は7なので全小セルで利用する帯域幅の合計は7倍の8×7になります。基地局の設置数は増えますが、高い周波数帯の電波を使ったセル構成では、広い帯域を使った大容量の高速な通信を提供することが可能です※10。

大きなセルと小さなセルで利用する帯域幅の比較

周波数	周波数の比率	帯域幅比	基地局の数	全帯域幅（比率）
3.5GHz帯	1	1	1	1
28GHz帯	8	8（仮定）	7	

※9　電波はいろいろな用途で利用されているため、それぞれの周波数帯の利用状況などによって利用できる実際の帯域幅は制限されます。

※10　実際には隣接するセル同士で混信しないようにそれぞれのセルで異なる周波数を利用するなどの工夫も必要です。また、図に示した小さいセルの隙間の領域もカバーするためには、さらにセルの追加が必要となります。

第4章

5Gのネットワーク

~5Gの性能を最大限に引き出すコア網の仕掛け~

携帯電話システムの陰の立役者

陰の立役者

図4-1と図4-2は、第1世代の携帯電話システム（自動車電話）でハンドオーバと自分の位置を知らせるしくみについて**1-6**で解説したときの図を少し現代風にアレンジして再掲したものです。

図の中に、2つの基地局に接続して通話接続先の切替えや着信の際の呼び出しを行っている建物（設備）が描かれています。これが携帯電話システムの陰の立役者、**コア網**です。コア網という名前からしてシステムの核（中心）の役割を果たす設備なのですが、携帯電話の利用者からは縁遠い存在です。この章ではコア網のしくみと役割を中心に話を進めます。

出自は電話交換機

携帯電話システムは、もともと、移動しない（固定の）電話機の間を接続する電話交換機に無線で通信を行う電話機を接続する形態から発展してきました。電話交換機の働きについては次節以降で解説しますが、固定電話と携帯電話の決定的な違いは、**携帯電話機が「移動する」点**です。

固定電話の交換機の役割は、通話が始まる際に2つの電話を結ぶ通信回線を設定することでしたが、携帯電話機は通話しながら移動するため、通話中に接続先の基地局を瞬時に切り替えたり（図4-1)、そもそも通話開始の時点で呼び出しを行うために、どこの基地局の近くに携帯電話機が存在するのかを常に把握しておく必要があります（図4-2)。

このような移動する電話機との通信の管理や制御を行う存在がコア網です。電話交換機に機能を付加する形で始まった携帯電話のコア網ですが、データ通信の発展などに伴って機能の高度化などが進められてきています。

5G用のコア網は**5GC**という略称で呼ばれます。5GCでは従来の携帯電話機も継続利用できるようにするため、第4世代の基地局や携帯電話機の管理も行います。また、5Gの基地局には、第4世代システムのコア網とも連携できるしくみが用意されています。

図4-1 「ハンドオーバ」のしくみ（アレンジして再掲）

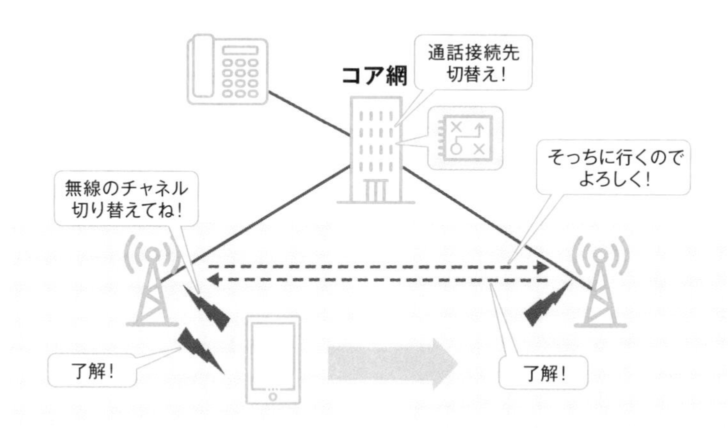

図4-2 自分の位置を知らせるしくみ（再掲）

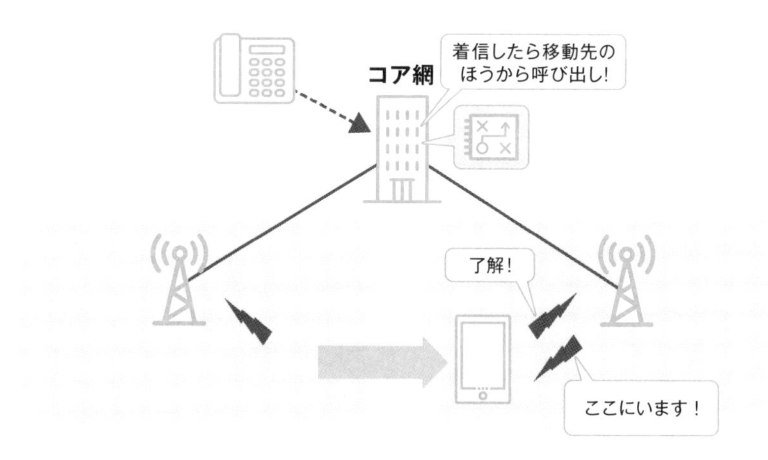

Point

- コア網は、携帯電話システムでの通信中の電話機の移動に伴う接続先変更や着信時の呼び出し先の管理などを行う陰の立役者
- 5G用のコア網である5GCは第4世代の携帯電話機の対応も行う

»「全部つなぐ」のは不経済

電話機を全部つなごうとしてみる

複数の電話機が通話（通信）を行うために何本の伝送路が必要かというお題で少しだけ電話交換機の話をします。図4-3の左側は4台の電話機を互いに全部接続する例で、合計で6本の伝送路が必要です。

電話機の台数が少ないうちはさほどでもありませんが、すべての電話機を接続するのに必要な伝送路の数はおおむね台数の2乗の半分に比例して増えるため、100台で約5,000本、1,000台では約50万本の伝送路が必要になります。電話機が増えるほどそれを接続する伝送路の数が雪だるま式に増えていき、とても不経済で非現実的なシステムになってしまいます。

交換機の出番

そこで**回線交換**が登場します。通話している間だけ電話機の間を伝送路（回線）で接続する方法です（図4-4左側）。効率はよくなりますが、回線の数が少ないと、大勢の人が一斉に通話を始めたときに回線がふさがっていて接続ができません。通信を始めようとしたときに回線がふさがっていて、通話できないことを**呼損**（こそん）の発生と呼びます。

必要となる回線数は、**全体の通話の量と、そのときにどのくらいの呼損の発生を我慢することにするかを指標**に検討します。例えば、1,000台の電話機を収容する交換機の場合、それぞれの電話機が1日（24時間）のうちで2回の通話を行い、1回当たりの通話時間が5分だとすると、1時間当たりでは平均して83回強（1,000台×2回÷24時間）の通話が発生し、合計で7時間近く（83回×5分÷60）の通話が行われます。呼損の発生確率（**呼損率**）を計算した結果が図4-4の右側のグラフです。

この結果から、例えば12本の回線を用意すれば呼損率が3％になることがわかります。それでよしとするかは電話機の用途や必要な費用（または料金）次第ですが、全部接続するために50万本の伝送路を用意するよりははるかに経済的で合理的な通信のしくみといえます。

図4-3 すべての電話同士を伝送路（回線）で直接接続する

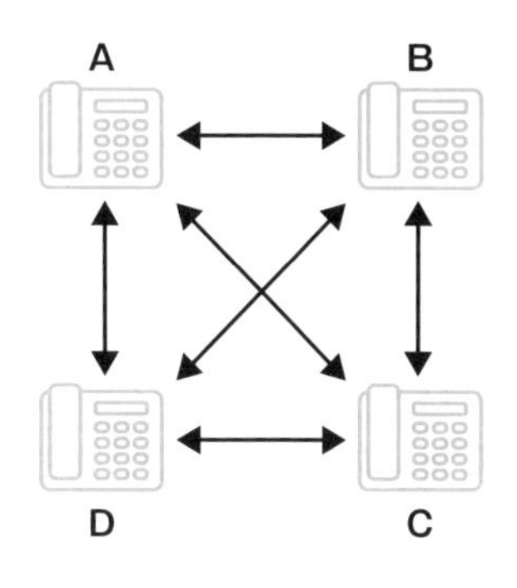

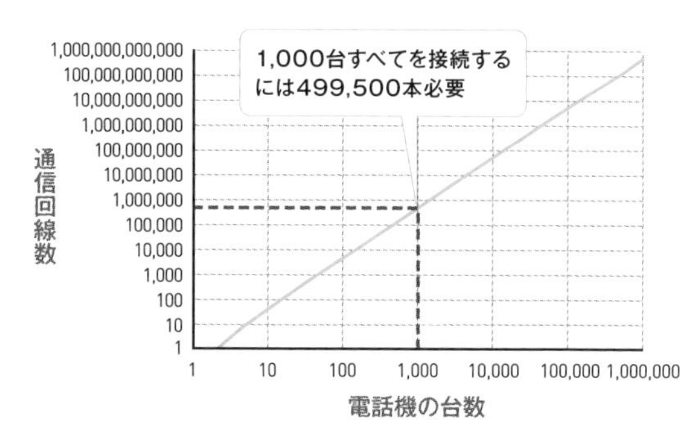

図4-4 通話するときだけ伝送路（回線）で接続する

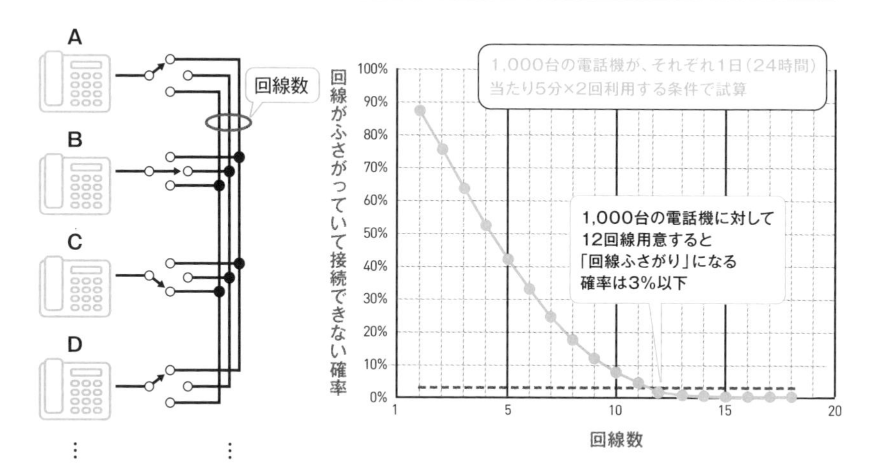

Point

- 全部の電話機を伝送路で接続しようとすると、台数が増えたときに膨大な数の伝送路が必要となる
- 電話交換（回線交換）では、通話が行われている間だけ伝送路を接続することで合理的な数の回線数でたくさんの電話機を収容できる
- 電話交換では、回線がすべて使われてしまうと呼損が発生する
- 呼損の発生する確率が所定の値より小さくなるように、条件を定めて必要となる回線数を求めることができる

「フォーク並び」して待つ

荷札をつけた包みにして送る

前節の呼損は、回線がふさがっていたら即NGという音声通話などの使い方での話でした。デジタルデータ（文字）伝送で、回線がふさがっていた場合には空くまで待つというしくみが使える場合、少し事情が異なります。

データ通信で用いられる伝送方式は、前節の回線交換に対してパケット交換と呼びます。図4-5に示すように、**各電話機から送られてくる情報に宛先の荷札をつけたひとかたまりのパケットと呼ぶ包み**にして送ります。包みは到着した順に待ち行列に並べ、空いている伝送路（ベルトコンベア）で順次運び、出口で荷札に従って届け先に渡します。

窓口はいくつ必要か？

パケット交換の場合、伝送するパケットの総量に対してどのくらいの伝送能力（伝送速度）の伝送路を何本用意すれば、パケット（情報の包み）が待ち行列で待機する平均待ち時間を所定の時間内に収められるかが課題となります。

ここでは、銀行などの窓口でフォーク並び（1列に並んで空いた窓口で受付け）する場合を例に、待ち行列の特性を見てみます（図4-6）。

1時間当たり平均で10人が来客して列に並び、1人当たりの窓口での取扱時間を平均5分とした場合に、開いている窓口の数によって列に並ぶ時間がどのように変化するかを計算したグラフが図の右側です。

窓口1つだと平均25分並ぶことになりますが、2つに増やすと平均5分以下になります。目標とする待ち時間の平均を5分とすれば、窓口は2つでOKとなり、3つ以上開けても平均すると効果は限定的です。

5Gでも利用するパケット交換のしくみでも、同じ手法を使って所要量のパケットを所定の平均待ち時間内に伝送するために必要な伝送路の能力とその本数を検討することができます。

図4-5　パケット交換のしくみ

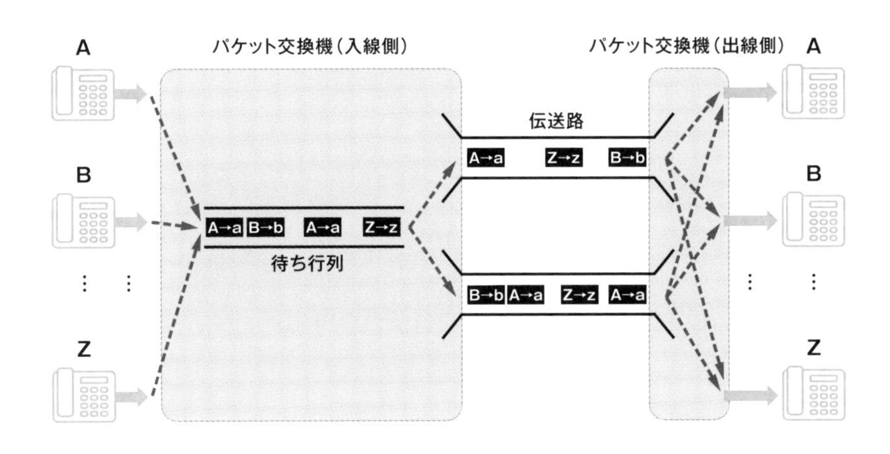

図4-6　窓口で「フォーク並び」をする

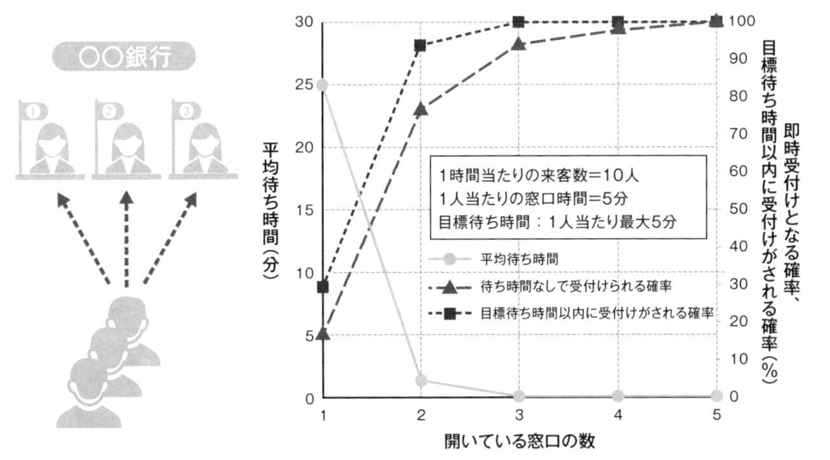

Point

- パケット交換では、情報を荷札つきの包みにして順番に送る
- すべての伝送路がふさがっている場合は待ち行列で待機して、空いたところを使って順次伝送を行う
- 待ち行列での平均待ち時間が所定の時間内に収まるように、所要の伝送量に合わせた伝送路の伝送能力の検討を行う

» 5Gを支える「黒子」

見えないところで健気に頑張る「制御信号」

制御信号は、通信の準備、維持、後片付けなどを行うために、利用者に気づかれることなくコア網と携帯電話機などの間でやりとりさせる黒子のような一連の信号の名称です。携帯電話機の利用者がアプリケーションプログラムなどを介してやりとりする情報はユーザー信号と呼ばれます。

通信中のハンドオーバで制御信号は大忙し

通信中のハンドオーバ（図4-1）における制御信号のやりとりを図4-7に示します。セル1（周波数1）と通信している携帯電話機が、セル2の電波（周波数2）のほうがより強いと判断すると次の手順を開始します。

- 携帯電話機が「セル2の電波のほうが強い」とセル1の基地局を介してコア網に報告を中継（❶・❷）
- コア網がセル2への切替えをセル2の基地局に指示。セル2の基地局が準備OKを報告（❸・❹）
- コア網から携帯電話機に対して、セル1の基地局を介して切替先のセル2の情報を連絡して切替えを指示（❺・❻）
- 携帯電話機がセル2の基地局と周波数2で通信を開始。セル2の基地局がコア網に無線周波数の切替完了を報告（❼・❽）
- コア網が通信中のユーザー信号の通信先をセル2に切替え（❾）

制御信号の処理をユーザー信号の処理から分離する

制御信号を取り扱う機能の層をCプレーンと呼び、利用者ユーザー信号を扱う層をUプレーンと呼んで区別しています。5GCでは、**Cプレーンを扱うコア網内の機能単位をUプレーンとは明確に区分**（C/U分離）しています（図4-8）※1。

※1 このような機能区分の明確化を行うことで、後の節で解説するいろいろな機能の実装や性能向上が効率的に可能な構成になっています。

図4-7 「ハンドオーバ」時の制御信号の流れ（例）

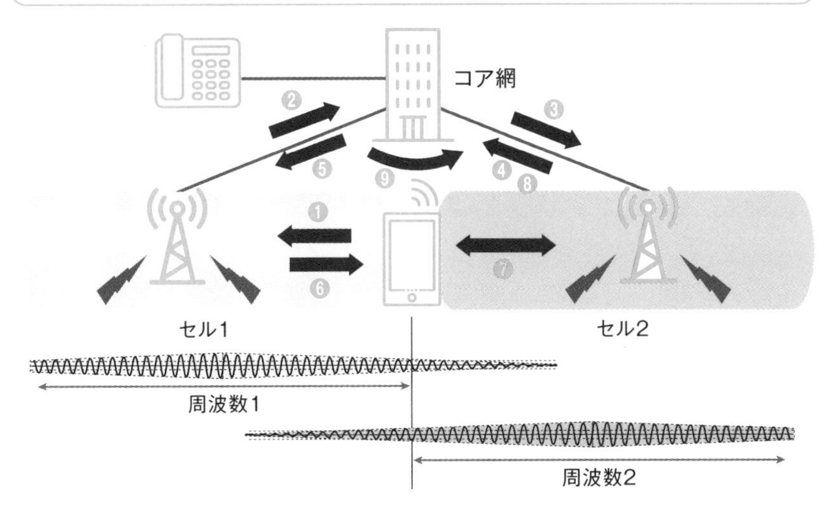

図4-8 CプレーンとUプレーン

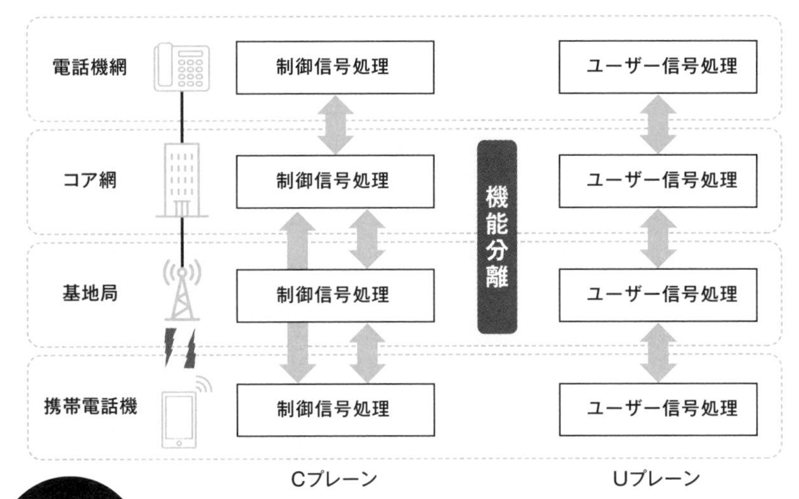

Point

- 制御信号は、携帯電話の通信を支える黒子の役割を果たす
- 制御信号はCプレーン、ユーザー信号はUプレーンで処理される
- 5GCでは、CプレーンをUプレーンから明確に分離した構成を採用している

待ち受け中は節約モード

待ち受け中は事情が違う

今度は、図4-2で概要を説明した通信をしていない状態での待ち受け中の位置情報を知らせる際の制御信号のやりとりの話です。携帯電話機がセルの間を移動したときに一番近くの基地局に知らせるという基本は同じですが、通信中のハンドオーバのようなユーザー信号の送受信を行っていないので、次の通信開始までに通知すればよい点が異なります。

携帯電話機が待ち受け中の状態でセルを移動するたびに位置情報を通知すると制御信号のやりとりが増えますし、間欠受信（**3-7**参照）をしながら消費電力を節約している携帯電話機も余計な電力を消費します。

制御信号を節約する、まとめて呼び出す

そこで、図4-9のようにセル（基地局）をいくつかまとめて**登録エリア**を作り、待ち受け中の携帯電話機が登録エリア#1に留まっている間は位置情報の通知をせず、隣の登録エリア#2に移動したことを検出したときに**位置情報登録**を要求する制御信号（❶）を送信するようにします。

コア網は制御信号（❷）を受け取ると、データベース内の各携帯電話の位置情報（登録エリア単位）を更新します（❸）。なお、このときに次節で解説する「認証」（本物の確認）が行われることがあります。

その後、図4-10のように登録された携帯電話機宛てに着信が発生（❶）すると、コア網の中で該当する携帯電話機の位置情報が取り出されて（❷)、該当する登録エリアのすべての基地局宛てに**着信呼び出し**情報（❸）が送り出されます。呼び出された携帯電話機が登録エリア＃2のセル5に移動していたとすると、セル5の基地局からの着信呼び出し（信号❹）に応答して、ユーザー信号の送受信を行うための手順を開始します。

5Gでは登録エリアを携帯電話機の移動の状況などに合わせて構成することも可能です。待ち受け中の制御情報のやりとりを節約することでシステム全体の効率化と携帯電話機の消費電力低減が図られています。

図4-9　登録エリアを越えて移動したときだけ位置情報を登録する

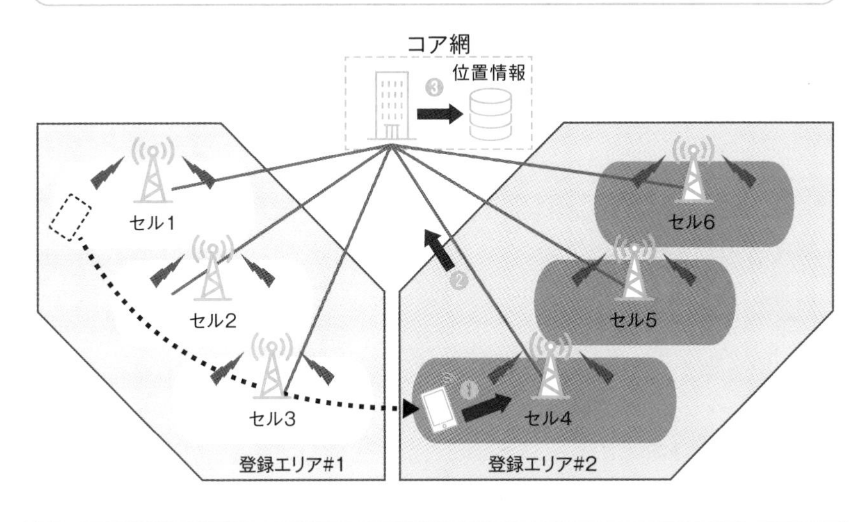

図4-10　登録エリアごとにまとめて呼び出す

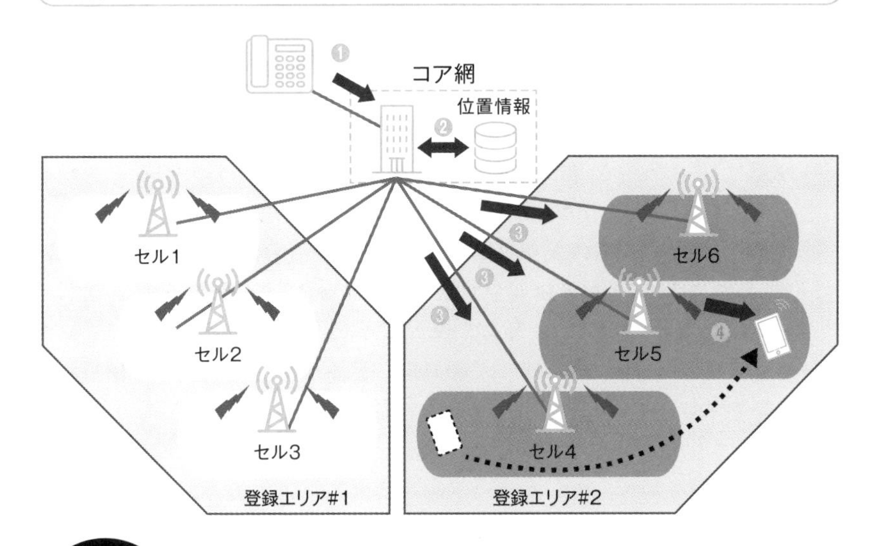

Point

- 待ち受け中の位置情報通知は、セルをまとめた登録エリア単位で行う
- 各携帯電話機の位置情報はコア網内に位置情報として登録される
- 携帯電話機への着信時は、登録エリア単位で呼び出しが行われる

»「高度なあみだくじ」で「なりすまし」を許さない

電波はどこへでも伝わっていく

電波は波の性質を持っていて、緊急車両のサイレン音のように**あらゆる方向に伝わっていきます**（図4-11）。通信の相手方を特定して行う電波の通信を勝手に受信（盗聴）して通信内容を窃用（悪用）することは法律で禁止されていますが、携帯電話システムでは、「本物」になりすました「偽物」による不正利用や盗聴を防ぐために、通信を始める際に相手が「本物」であることを確認する「**認証**」という手続きを行います。

5Gの「あみだくじ」は桁違いに高度

「認証」手続きは、「正規の携帯電話機（本物）」と電話会社が厳重に管理するコア網内の制御装置の2つだけがペアで隠し持っている門外不出の「**秘密の鍵**」と「あみだくじ」が使われます（図4-12）。5Gでは図の「あみだくじ」よりも桁違いに複雑で、出口から入口を推測することが事実上不可能とされる高度な暗号用の算法が使われます。

認証の手続きは通信の開始時に「本物」が自らの識別番号を送ること（❶）から始めます。5Gでは安全性を高めるために識別番号を**暗号化**して送信します。コア網の制御装置は、受け取った識別番号から相手の「秘密の鍵」を特定し（❷)、さらに「サイコロ」を振って乱数（偶然に作られる数）を発生させ（❸)、それを電波で「本物」に伝えます（❹)。

「本物」は、受け取った乱数と秘密の鍵を使って「あみだくじ」の開始点を選び、「あみだくじ」をたどった（❺）結果を電波で制御装置に送り返します（❻)。制御装置側でも同じ操作（❺）を行い、送られてきた結果と一致すると本物と認証（❼）して「秘密の鍵」を使った暗号化通信を開始します。

正しい「秘密の鍵」を持っていない「偽物」は電波で送られる「乱数」から正しい「結果」を計算することができないため、「なりすまし」による不正利用や暗号化された通信内容の盗聴ができないしくみになっています。

図4-11　電波はどこへでも伝わっていく

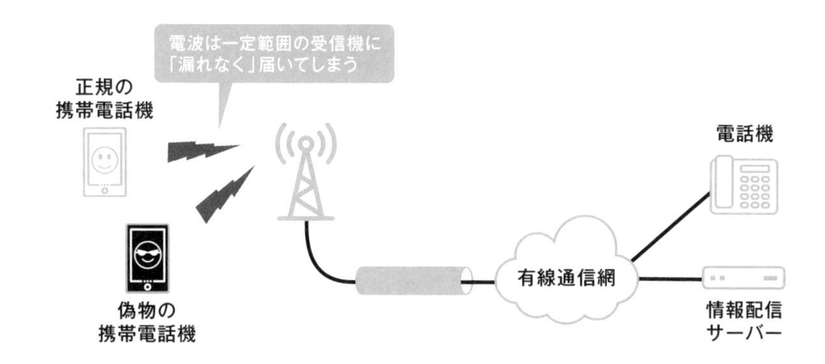

図4-12　「秘密の鍵」と「高度なあみだくじ」で「本物」を見分ける

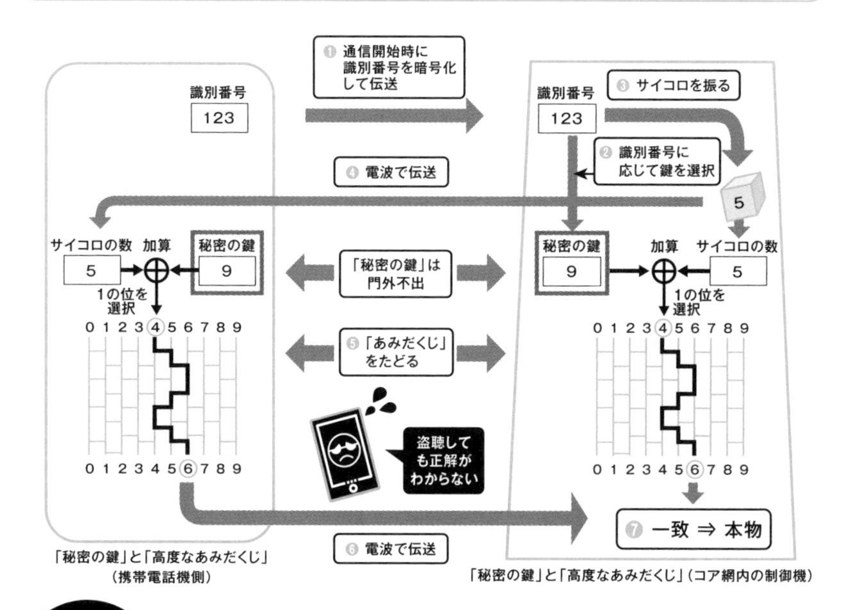

Point

- 電波はどこへでも伝わっていく
- 「秘密の鍵」と「高度なあみだくじ」で、「なりすまし」による不正利用を防ぐ（認証）
- 電波でやりとりする信号を暗号化して、大切な利用者の情報が盗聴によって盗まれることを防ぐ

「4G」とも助け合う

4Gと5Gの2階建て

図4-13は、図3-7で説明した「2階建て」のセル構成に似ていますが、**4G基地局と5G基地局を1つの4G用のコア網で収容する2階建て**です。既に広く展開されている4G携帯電話の基地局と5Gの基地局を組み合わせて効率的にシステムを展開していくための工夫です。

5Gの基地局（セル2、3）は高い周波数帯（周波数2）の広い帯域を使ってUプレーンのユーザー信号を高速で伝送しますが、高い周波数帯の電波は到達距離が短く、1つの基地局のカバーエリアは小さくなります。

4Gの基地局は5G用の周波数帯より低い比較的遠くまで届く電波（周波数1）を利用しているため、1つの基地局がカバーするエリアは大きくなります。4Gの基地局（セル1）で、複数の5G基地局のエリアで通信する携帯電話機のCプレーン制御信号をまとめて扱うことで、5GのUプレーンの高速伝送サービスを安定・効率的に提供することができます。

このような2階建て構成のセルを次の独立型に対置する形で**NSA**（Non-Stand Alone）構成と呼んでいます※2。

5Gの独り立ち

図4-14は、5G用コア網で5G用の基地局を収容する「5G独り立ち型」のセル構成です。**SA**（Stand Alone）構成と呼びます。

5Gのシステム展開がNSAで進んでサービス提供エリアが広がるにつれて、Cプレーンの処理が増えると同時に、5Gコア網の高度な機能・性能を利用したサービスへの移行も進むと考えられます。そのために、5GのUプレーンとCプレーンの両方を扱う**独立型の構成**が用意されています。なお、5G用コア網と4G用コア網の相互の連携や5G用コア網で4G用基地局を直接収容する構成も用意されています。

NSAとSAの2つを使い分けることで、4Gシステムから5Gシステムへの段階的で円滑な移行を経済的に進めることが可能になっています。

※2 無線回線上では4Gと5Gのシステムを同時に二重に接続することから、その接続形態をDual Connectivity（二重接続）と呼びます。

図4-13　「4Gと5Gの2階建て」セル構成（NSA）

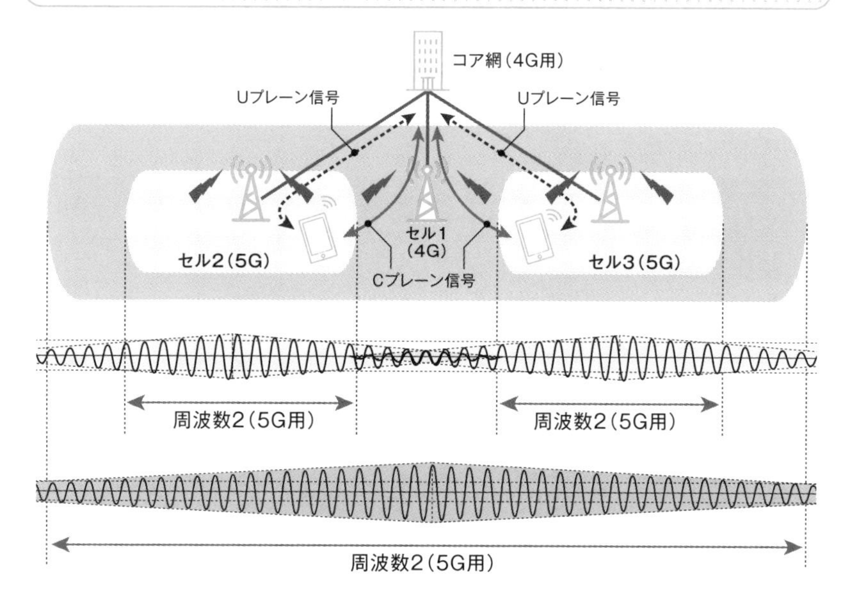

図4-14　「5G独り立ち型」セル構成（SA）

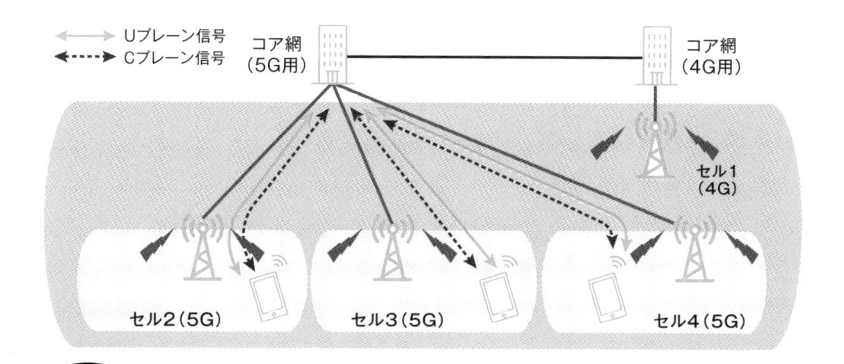

Point

- NSAは、4Gコア網が4Gと5Gの無線基地局を収容する2階建て構成。既存の4G通信網の資産を利用して5Gを経済的に展開する
- NSAでは、5G基地局がUプレーン、4G基地局がCプレーンの伝送を連携して分担。4Gの広いエリアで複数の5G用小セルをカバー可能
- SAは、5Gコア網が5Gの基地局を収容する5G独立型の構成

情報の地産地消

「生産地」の近くで「消費」する

図4-15は最近よく耳にする農産物などの「地産地消」を示したものです。生産地に近い場所で新鮮な素材を使うことで経済的に、あるいは余計なエネルギー消費を抑えながら、その土地ならではの味覚を味わえるという大きなメリットがあります。

流通システムが整備されている現代では、地産地消一本槍ではなく遠隔地の素材を味わうこともできますが、運送や配送にある程度の時間と手間、エネルギーが必要になるため、費用対効果などを含めて状況に適した素材調達の方法が選ばれています。

情報の「地産地消」

情報通信網では、高速の通信によって世界中のサーバー（コンピュータ）に蓄積されている情報に素早くアクセスすることが可能ですが、モノとモノの通信や高精細の動画情報などのとても大きな情報量の伝送を伴う場合には、情報のやりとりに掛かる伝送時間の遅れや、そもそもの伝送能力が課題になる場合もあります。

5Gシステムでは、そのような場合の解決手法のひとつとしてエッジコンピューティングと呼ぶ、情報を「地産地消」するしくみを用意しています。**4-4**で解説したように、5Gでは**Cプレーンと Uプレーンの機能を明確に分離したおかげ**で、Uプレーン情報を伝送していく途中のいろいろなところからユーザー情報を引っ張り出すことが柔軟にできるネットワーク構成になっています（図4-16）。

従来は、アプリケーション用サーバーは携帯電話網の外側の一般電話機網のどこかに設置されていましたが、5Gではコア網や基地局のある場所にサーバーを置いて、携帯電話機との情報のやりとりの時間を短縮したり、カメラで撮影した高精細動画の情報を「地産地消」で処理することで、それより先の通信網に大量の情報を伝送しなくて済む構成が利用可能です。

図4-15　「生産地」の近くで新鮮なものを「消費」する

地産地消（近い・速い）

遠隔輸送（遠い・遅い）

図4-16　「エッジコンピューティング」は情報の地産地消

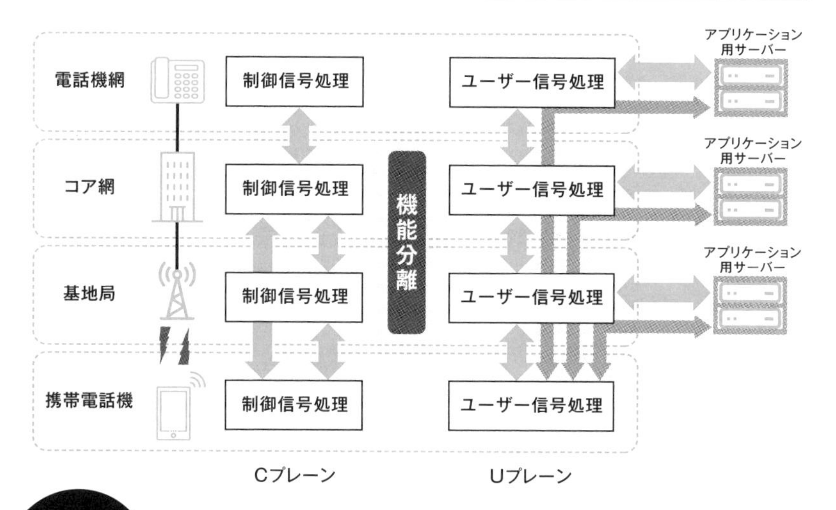

Point

- 5Gでは、ネットワーク内のCプレーンとUプレーンを明確に分離した効果で、ユーザー信号を携帯電話機に近い場所から取り出して地産地消するエッジコンピューティングが利用できる
- 「情報の地産地消」で、伝送時間の短縮や伝送容量の節約が可能

専用車線を予約する

車種ごとに専用車線を予約する

図4-17は、たくさんの車線をいろいろな車種の車両が共用して通行する様子です。ときどきの状況に応じて各車両が適宜車線を変更しながら自由に通行できます。路上の隙間を各車両が適宜に埋めて通行するので路面の効率的な利用ともいえますが、局所的な渋滞が発生することもあり、定時運行したいバスなどにとっては不都合な場合もあります。

図4-18は、車線を特定の車種専用に「予約」して通行する例です。車線の「予約」は通行量の実態に応じて曜日や時間帯ごとに変更することも可能です。専用車線は他の車両に邪魔されることなく通行できますが、その分だけ路面に「隙間」ができるため、道路幅にある程度の「余裕」が確保できる場合に有効なしくみといえます。

ネットワークを切り分けて使う

5Gのネットワークでも、同様にユーザー信号の種別ごとにネットワークの通信能力を切り分けて専用に使うしくみが用意されています。ネットワーク能力の切り分けは、ユーザー情報の伝送に必要となる伝送帯域の幅（広さ）や伝送遅延時間の許容最大値などに応じて行います。

例えば、図4-19に示すように1つの携帯電話機からセンサー情報（少量で一定の伝送遅延を許容）、音声通話（安定した伝送遅延）、そして高精細動画（高速広帯域伝送）の3つの情報をそれぞれ専用に予約した通信網内の各機能を使って伝送します。ユーザー信号の種別ごとに層状に通信能力を切り分けて利用することから、このしくみを**ネットワークスライス**、切り分けられた1組の層を**スライス**と呼びます。

各スライスで通信能力が専用に予約されていることから、**それぞれのユーザー情報は他のユーザー情報の量の多寡などによって影響されることなく安定した伝送が可能**です。スライスは、必要に応じて追加したり削除したりすることも可能です。

図4-17 いろいろ混在して通る

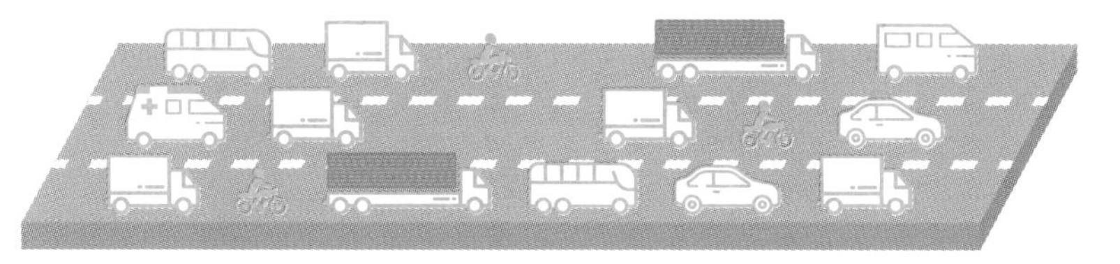

図4-18 専用車線を予約して使う

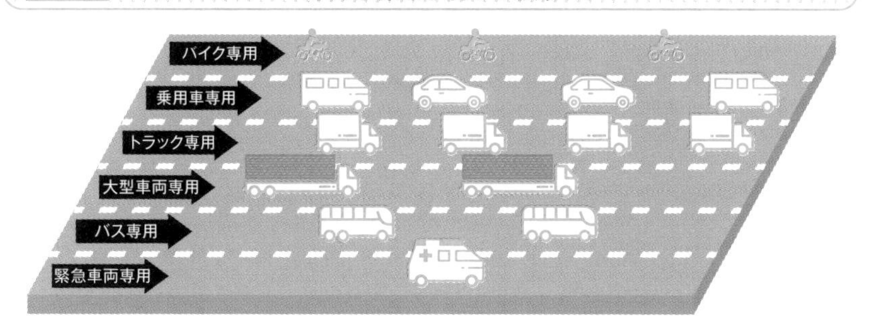

図4-19 ネットワーク資源を切り分けて使う（スライス）

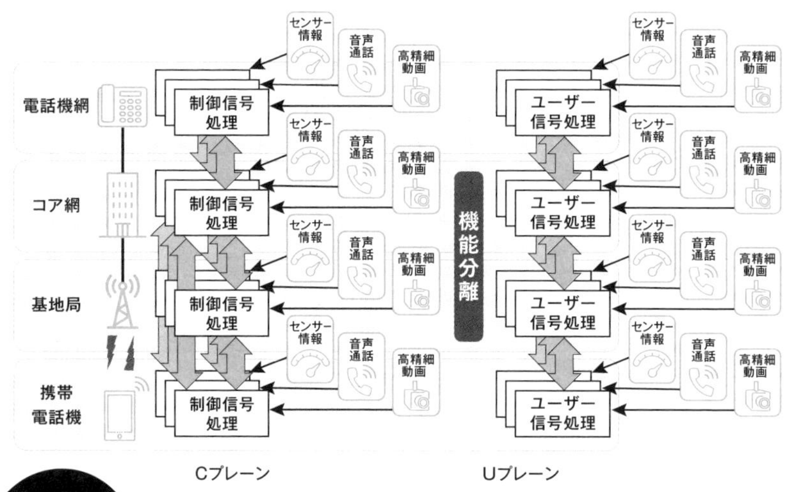

Point

- ネットワークの通信能力を伝送する信号の用途ごとに専用のスライスに切り分けることで、用途ごとの伝送要件に適する安定した通信を提供する
- 1つの携帯電話機から同時に複数のスライスを利用することも可能

多才な素材を活かして いろいろな使い方を可能に

場面に応じていろいろな使い方ができる多才な素材

ここでは「多才な素材」という言葉を「応用の利く材料」という程度の意味で使っています。図4-20は、その一例として折り紙に使う紙を示しています。折り方次第で手裏剣にも紙飛行機にもなります。切り絵のように切り抜いて「飛行機の形」に特化させることも可能です。

図4-21は、電気機器の例として電光掲示板を取り上げています。巨大な電光掲示板は、ひとつひとつは発光素子と発光を制御するスイッチの組みがぎっしり並んでいる装置です。置いてあるだけでは機能しませんが、発光素子を用途に応じて点滅制御すると、文字（左上）や画像（右上）などを自由に表示して場面に応じていろいろな使い方が可能になります。

ネットワーク機能の仮想化

コア網でCプレーンやUプレーンの信号処理を行う機器は、用途に応じたプログラムを搭載することでさまざまな信号処理が可能な計算機（コンピュータ）を集めて構成しています。プログラムは折り紙の「折り方」や電光掲示板における素子の「光らせ方」に相当するもので、それぞれの計算機の利用目的に応じたものを適用します。

ただし、いちいち折り紙の折り方を指定する必要のない必須の定型処理や高速でシンプルな処理には、切り絵のように特定の処理に特化したくくりつけの機器を併用することもあります。

このように、共通の機器と搭載するプログラムの組合せでそのときどきに必要となる信号処理を行うしくみを**ネットワーク機能の仮想化**（NFV：Network Functions Virtualizations）と呼びます（図4-22）。

5Gの通信ネットワークでは、ネットワーク機能仮想化のしくみによって、**多様な通信需要に応じて通信機能・能力を増設したり、機能を入れ替えたりして、柔軟に必要な通信サービスを提供できるようになっています。**

図4-20 折り紙と切り絵

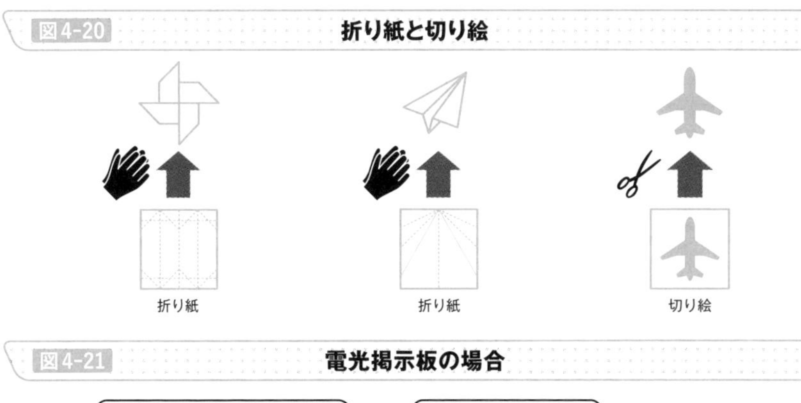

図4-21 電光掲示板の場合

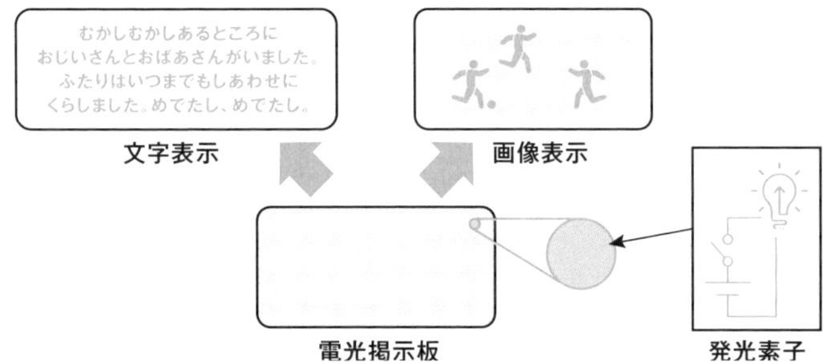

図4-22 ネットワーク機能の仮想化

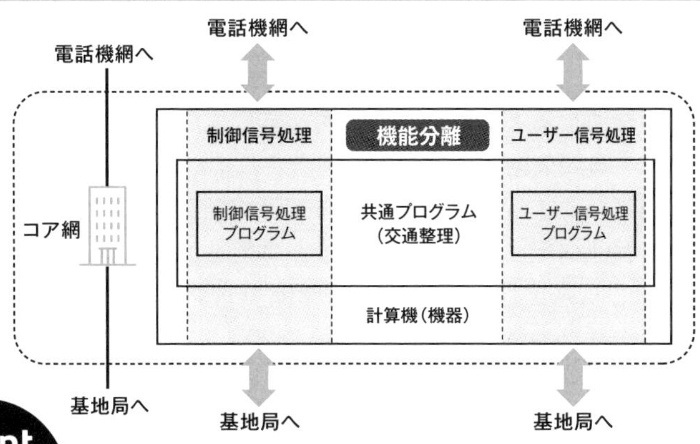

Point

- ネットワーク機能の仮想化は、共通の機器と搭載するプログラムの組合せでそのときどきに必要となる信号処理を行うしくみを提供する
- 仮想化によって、多様な通信需要に応じた通信機能・能力を柔軟に提供する

用事が済んだらすぐに寝る

通信網の節電

携帯電話システムのコア網と基地局（以下、網側設備）は、何百台、何千台という携帯電話機を相手に大量の情報を一手に引き受けるため必然的に消費電力も大きくなります。このため、環境への負荷軽減、そして電気代の節約という点で**消費電力の低減**はとても重要な課題です。

一生懸命に効率よく働いて、用が済んだらすぐに寝る

網側設備の節電の基本も携帯電話機同様に、「**用事は効率よく済ませて、用が済んだら余計な電力を消費せずにさっさと寝る**」です（図4-23）。

5Gの特徴である高い周波数を使った高速のデータ伝送という条件は電子機器を構成する部品の消費電力を増やす方向に作用することから、「効率よく」の部分については**電力効率のよい部品や技術を採用することなど**で伝送情報量当たりの消費電力低減が図られています。

「さっさと寝る」に関しては、**エリア内の携帯電話機とのユーザー信号のやりとりがなくなると網側設備の信号伝送に関係する機能部分を休止して電力を節減する間欠動作のしくみ**が用意されています（図4-24）。

ただし、図に示すように、エリア内の携帯電話機が必要とする基準タイミング信号、共通情報、呼び出し信号などは定期的に送信する必要があります。図ではこれらの信号を0.16秒の間隔で送信する様子を示しています。このときの休止時間比率は休止間隔の99.4％です。5Gでは最小80％程度の休止比率の確保が可能なしくみが採用されています。

図4-25は、国内のあるひと月の移動通信の全通信量を曜日別に集計したグラフです。午前3時から6時にかけてはピーク時（午後9時台）の半分以下、4時台と5時台は3割以下で、1日を通した平均は約7割です。

網側設備には、休止できない「不眠不休部分」（図4-24）の消費電力があるので単純なモデル化はできませんが、通信量の少ない時間帯に間欠動作のしくみを適用することで消費電力の低減に一定の効果が期待できます。

図4-23 網側設備の節電の基本

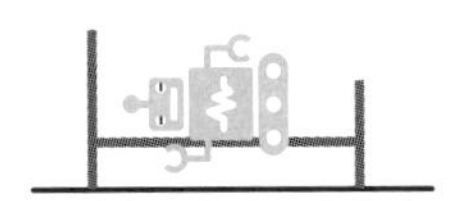

図4-24 伝送するユーザー信号がなくなると間欠的に休止

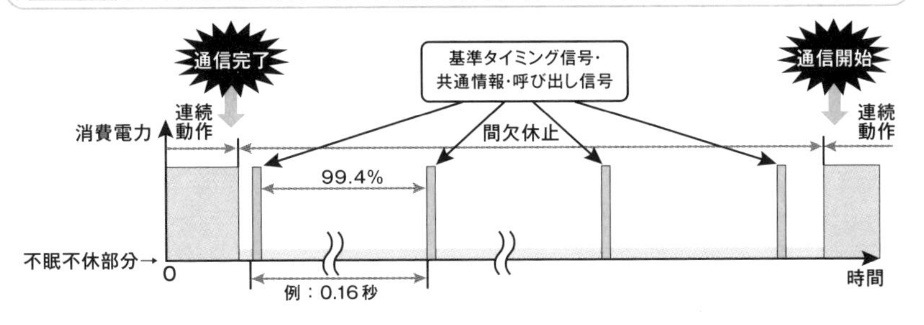

図4-25 移動通信の通信量（トラフィック）の時間変動

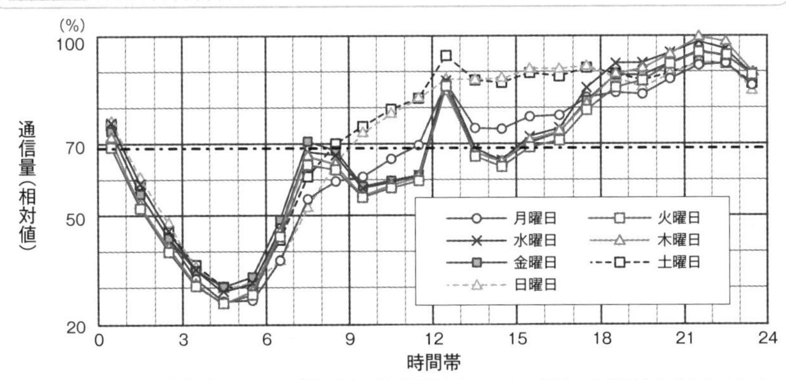

出典：情報通信統計データベース「我が国の移動通信トラヒックの現状」の2019年9月分から作成
（URL：https://www.soumu.go.jp/johotsusintokei/field/data/gt010602.xlsx）

Point

- 網側設備の節電の基本も「用事を効率よく済ませて、済んだら寝る」
- 5Gでは、電力効率の高い方式の採用や、信号伝送のない期間での休止動作によって消費電力の低減を図るしくみが導入されている

やってみよう

伝送に掛かる時間を考慮する

電波は1秒の間に30万キロメートル進みます。これは地球を7周半する距離です。**3-8**では5Gの短い無線フレームで1msより短い低遅延伝送が可能になっていることを、また、**4-8**ではエッジコンピューティングを使った情報の地産地消による伝送時間の圧縮について解説しました。

ここでは、もう少し具体的に伝送に掛かる時間について考えてみましょう。

下の図は空間中を伝搬する電波、あるいは、光ファイバーの中を伝わる光信号が横軸の距離を伝送するのに掛かる時間を示したグラフです。

光ファイバーの中の光信号の速度では1msで200km程度進みます。実際には信号が減衰するので信号中継が必要だったり、送受信の処理による遅延時間も加わるため、進む距離はさらに短くなります。5Gの低遅延伝送でせっかく無線伝送部分の伝送遅延が1ms以下になったとしても、コア網から先の伝送に時間が掛かってしまうと伝送遅延が増加してしまいます。

そこでエッジコンピューティングを使って情報の地産地消を進め、低遅延で処理しなければならない情報は基地局の近くで処理することになります。さて、基地局を東京駅の駅前に置いたとき、0.1ms以内に情報処理をするエッジサーバーに情報を届けたいとしたら、エッジサーバーは横浜駅前に設置しても大丈夫でしょうか。あるいは品川駅前のほうが安全でしょうか。もう一度、図を見て考えてみてください※3。

電波または電気信号の伝搬距離と伝搬遅延

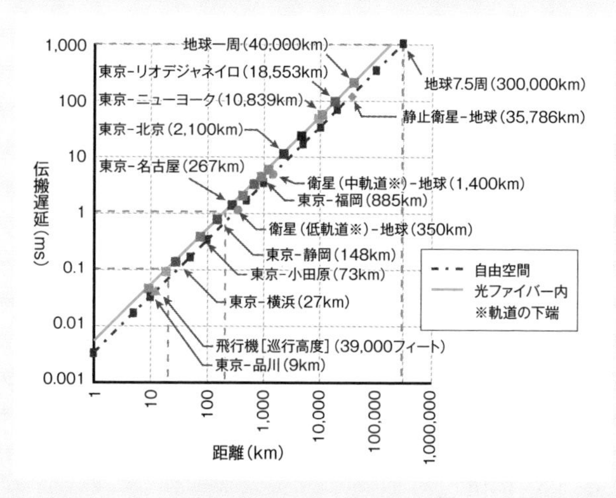

※3 実際の通信網では送信点から受信点までを直線距離で伝送されるわけではないので、少なくともこれ以上離れてはいけない距離の目安として考えてください。

第5章

5Gスマートフォンの特徴

～5G商用サービスで使用されている最新技術～

スマートフォンとパソコンの密接な関係

パソコン機能を取り込みながら5Gスマートフォンへと進化

スマートフォンの前身は携帯電話です。携帯電話は3G無線を搭載した小型端末が主流で、通信事業者は低速通信でも情報閲覧できるiモードと呼ばれる独自のインターネットサービスを提供していました（図5-1）。

4G時代になり通信速度が向上すると、モバイル環境でパソコンと同じインターネットサービスを楽しみたいという潜在的なユーザーのニーズを実現するために、iPhoneに代表されるスマートフォンが登場します。

スマートフォンは高度な無線機能と共に、**パソコンと同等のスペック**のOS（Operating System）やCPU（Central Processing Unit、ソフトウェアからの命令を高速実行する装置）、メモリを搭載するようになりました。

アプリケーション面では、ビデオストリーミングのようなパソコン用サービスにも対応したことで、ノートパソコンと機能面、性能面でほぼ遜色がなくなりました。

5Gスマートフォンは4Kの3Dゲームを実行するためのデバイス処理能力向上や、大画面ディスプレイでありながらモバイル性を考慮した折り畳み形状のサポートなどが4Gからさらに進化しています。

5Gスマートフォンのよいところをパソコンへ取り込み

パソコンで使用されるGPU（Graphical Processing Unit、画像処理に特化したプロセッサ）は、個別に性能を向上させるため、CPUとは別チップとして実装されますが、低消費電力が大きいという課題があります。

一方スマートフォンのCPUは、小型／低消費電力を実現するために複数CPUコア（約4～8個）を性能と低消費電力用途に分けて制御ができます。また、ゲームのグラフィックス描画を行うGPUをCPUと専用の１チップで構成できるメリットもあり、モバイル向けCPUがノートパソコンに搭載されるケースも増えてきています（図5-2）。

図5-1 5Gスマートフォンへの進化

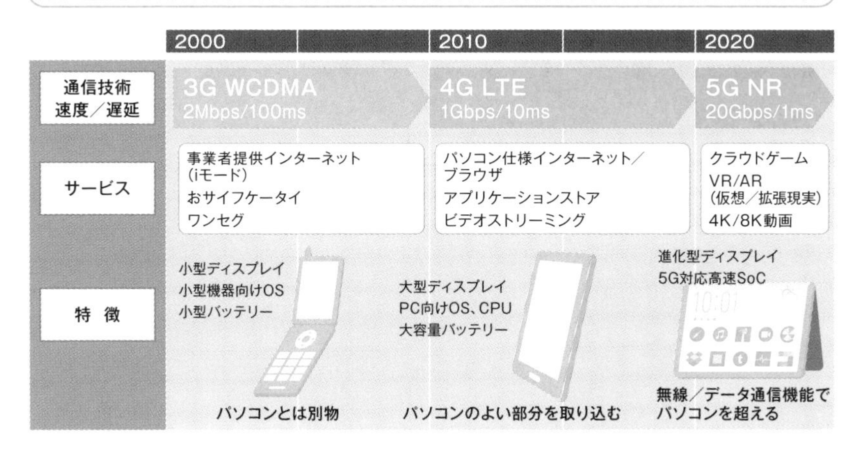

図5-2 スマートフォン技術をパソコンへ

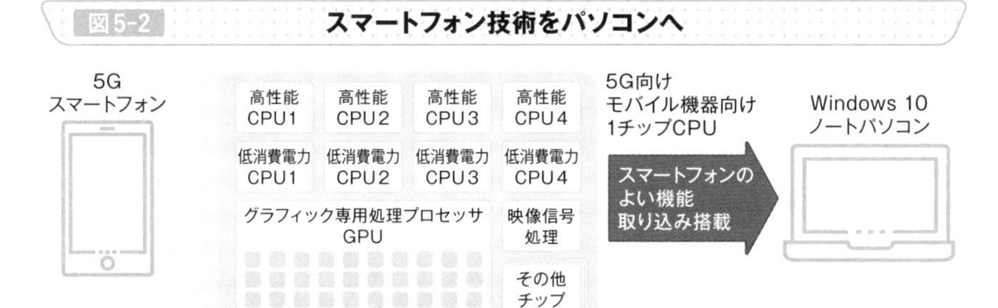

項目	CPU	GPU
役割	端末全体の計算処理	3Dグラフィックスなどの画像描写用途の計算処理
計算処理内容	連続的な計算処理	並列的な計算処理
コア数	数個〜10個	数千個
計算速度差	GPUは画像処理などの計算だけであれば、CPUの数倍〜1,000倍以上の計算速度	

Point

- スマートフォンはパソコンの利便性を実現することを目標にして機能実装が行われ、通信機能やデータ処理能力もパソコンと同等になった
- スマートフォンに使われていたCPUとGPUはパソコン向けにも使われるようになり、5Gではパソコンとの差分がなくなりつつある

5Gスマートフォンの特徴

5Gスマートフォンが4Gスマートフォンと異なる部分

国内通信事業者の5Gサービスが相次いで開始され、さまざまな5G対応スマートフォンが発表されています。図5-3にNTTドコモから発売されているスマートフォンのスペックと5G機能部分を示します。

4Gスマートフォンとの大きな差分は、アメリカのクアルコム社製無線プロセッサ「SDX55」が5G通信をサポートすることにより、通信速度が4Gから大幅に向上している部分です。

5Gでは単独でも高速通信が可能ですが、**4G無線部とデジタル信号処理部を同時通信させて、ソフトウェアで足し合わせる処理により高速性を実現していること**も特徴のひとつです。図5-4に5G端末の特徴を表すソフトウェアとハードウェアの構成を示します（スペックの詳細は次節以降で個別に説明していきます）。

5G通信速度向上により4Gスマートフォンから進化している部分

アプリケーションを動作させるためのクアルコム社製「Snapdragon 865」プロセッサは、5G無線部と連携して高速動作するために機能・性能面での進化がなされています。

ディスプレイは5G回線を使って**4K映像視聴や3Dゲームの描画を滑らかに表示するための処理能力の向上**がなされています。

カメラに関しては、ライブストリーミングのような5G回線を使った配信を考慮して、高解像度化や一眼レフ並みの背景をぼかした写真生成技術が搭載されています。

端末自体の性能向上については、CPU処理高速化、RAM/ROM各種メモリの大容量化などが行われています。

ソフトウェアは、Google社が開発するAndroid 10 以降のOSが搭載されており、上記デバイスの進化を利用して新しいアプリケーションを作成するしくみがサポートされています。

図5-3 5Gスマートフォンのスペック

主要スペック	arrows 5G F-51A	AQUOS R5GSH-51A	Xperia1 IISO-51A
チップセット	アプリケーションプロセッサ：Snapdragon 865　5G無線プロセッサ：SDX55		
OS	Android™10		
5G周波数	サブ6／ミリ波	サブ6	サブ6
受信最大速度 5G/4G	ミリ波：4.1Gbps/ LTE：1.7Gbps	サブ6 3.4Gbps/ LTE：1.7Gbps	サブ6 3.4Gbps/ LTE：1.7Gbps
送信最大速度 5G/4G	ミリ波：480Mbps/ LTE：131Mbps	サブ6：182Mbps/ LTE：131Mbps	サブ6：182Mbps/ LTE：131Mbps
ディスプレイサイズ/解像度	約6.7インチ/Quad HD＋（3,120×1,440ピクセル）	約6.5インチ/Quad HD＋（3,168×1,440ピクセル）	約6.5インチ/4K（3,840×1,644ピクセル）
アウト/インカメラ（解像度）	3眼（4,800万画素+約1,630万画素+約800万画素）/ 約3,200万画素/（4K）	4眼（約1,220万画素+約4,800万画素+約1,220万画素+ToFカメラ）/ 約1,640万画素/（8K）	4眼（約1,220万画素+約1,220万画素+約1,220万画素+ToFカメラ）/ 約800万画素/（4K）
メモリ/ストレージ	RAM 8GB/ROM 128GB	RAM 12GB/ROM 256GB	RAM 8GB/ROM 128GB
バッテリー容量	4,070mAh	3,730mAh	4,000mAh

出典：NTTドコモ「5G対応スペック一覧表」を基に作成

図5-4 5Gスマートフォンのソフトウェアとハードウェアの構成

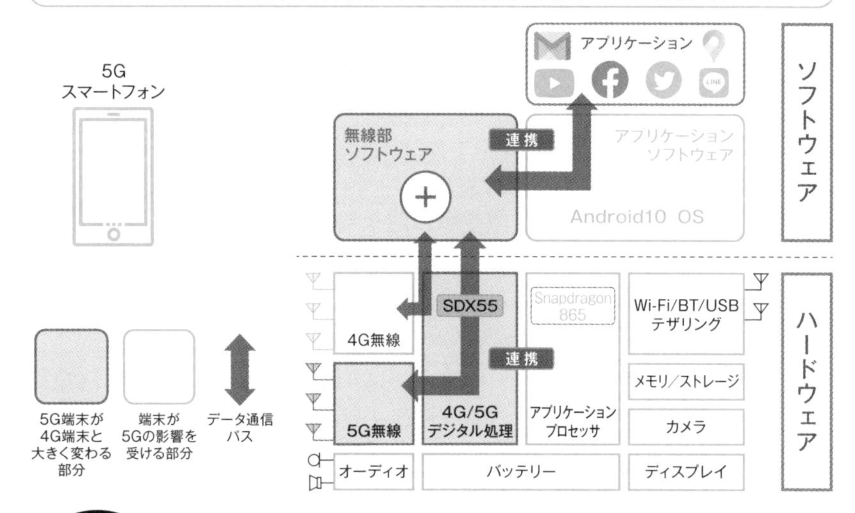

Point

- 5Gスマートフォンは5G単体でも高速化できるが、4G通信を足し合わせることにより、これまでにない高速化を実現している
- 5Gスマートフォンは無線部とその他ソフト／ハードを連携して動作させるために、特に映像処理を高速化するような工夫がなされている

5Gスマートフォンの無線技術

無線通信帯域と通信速度の関係

5G無線周波数には図5-5に示すように6GHz以下の周波数帯であるサブ6と28GHz以上のミリ波があります。

通信速度は使用できる周波数帯域の広さに比例するため、ミリ波のほうがサブ6より高速です。これは、広い道路はたくさんの車が通れることと同じ原理です（**3-1**参照）。

これまで4Gでのデータ通信高速化は、帯域幅が数十MHz程度と狭いため、各周波数帯域をいくつも足し合わせるキャリアアグリゲーションと呼ばれる技術を使用してきました（**3-2**参照）。

図5-3で示すように、4Gでも通信速度が1.7Gbpsまで高速化できますが、足し合わせるキャリア数も物理的に限界があります。また、既存4G周波数は通信トラフィックの逼迫により、速度が低下する運用課題もあります。

上記のような理由から、5Gでは新しい周波数帯域を確保する必要があり、**サブ6とミリ波が5G通信用帯域に割り当てられました。**

5Gスマートフォンの技術革新はミリ波の取り扱い

ミリ波に対応しているスマートフォンはまだ多くありません。これは、ミリ波が広帯域通信を利用して高速通信の性能を高める特性がある反面、図5-5に示すように電波の減衰が4G端末で使用しているマイクロ波より大きく、サービスエリアを広げていくには時間を要することとも関係しています（**3-4**参照）。

また、ミリ波は電波の指向性も強いため、通信が障害物で遮断されても途切れないように電波の放射を特定方向へ集中させる電波送信（これをビーム・フォーミングと呼びます）に対応する必要があります（**3-5**参照）。

一方サブ6は、これまでの4Gと同じマイクロ波であり電波特性があまり変わらないため、4Gとアンテナの共用が可能です（図5-6）。

図5-5　5Gスマートフォンが使う周波数帯域

	4G周波数								5G周波数 サブ6		5G周波数 ミリ波
周波数(Hz)	700M	800M	900M	1.5G	1.7G	2G	2.5G	3.5G	3.7G	4.5G	28G
NTTドコモ	20	30		30	40	40		80	100		400
KDDI	20	30		20	40	40	50	40	100		400
Softbank	20		30	20	30	40	30	80	100		400
Rakuten					40				100		400
ローカル5G用										200	900

キャリアアグリゲーション

直進性／減衰量

弱い／少ない　　強い／多い

●ミリ波特徴と4Gとの違い

●マイクロ波4G+サブ6
- 低い周波数では回折(電波が曲がる)
- 空間中の伝搬による減衰が少ない

●ミリ波：5Gで導入
- 直進性が非常に強い
- 空間中の伝搬による減衰が大きい
- 高指向性、高利得アンテナが必要

出典：「移動通信システム用周波数の割当て状況」(URL：https://www.soumu.go.jp/main_content/000572034.pdf)を基に作成

図5-6　ミリ波のビーム処理の取り扱い

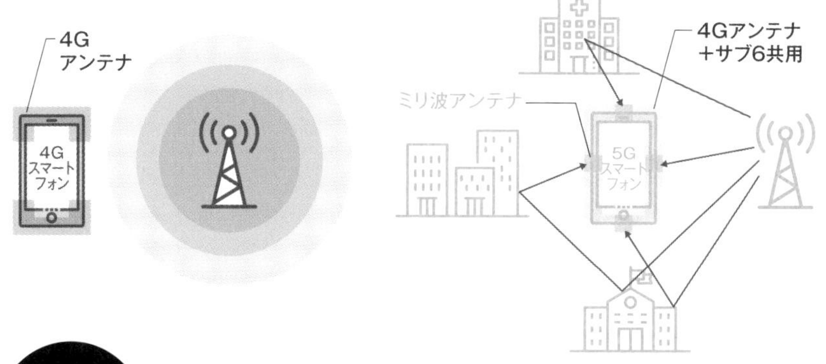

Point

- 無線通信での通信速度は、使用する帯域が広いほど高速化するため、5Gでは広い帯域を活用できるミリ波帯域の活用に踏み切った
- ミリ波は4Gにはなかった電波の指向性を持つため、アンテナをどう使いこなすかによって5Gスマートフォンの真価が問われることになる

5Gスマートフォンのアプリケーション処理技術

5Gアプリケーションが特徴あるサービスをサポート

アプリケーションは必要な転送速度が得られなければ、表示が進まない状態やカクカクする動作となりますが、YouTubeを4K視聴するような場合でも50Mbpsもあれば十分です（図5-7）。

5Gの最高速度を活かせるキラーアプリケーションは、画像や映像コンテンツを送受信するサービスの普及が予測されているため、Android 10以降のOSでも次のようなしくみが取り入れられています。

❶ディスプレイ大画面化のために折り畳み式端末を使用する際、画面の開閉により生じる表示の違いをシームレスに切り替える機能
❷マルチカメラを搭載したデバイスから被写体と背景の距離情報※1を取得して、背景のぼかしをアプリケーションで加工する機能
❸5G接続利用可能／従量制を判断するインタフェースを提供し、5G環境に特化したサービス開発をサポート

アプリケーション処理の性能面での進化

5G端末に搭載するアプリケーション処理チップは、「Snapdragon」と呼ばれるプロセッサが搭載されます。

SnapdragonはCPUだけではなく、GPUや**ISP**（Image Signal Processing、カメラの映像信号を処理するプロセッサ）を含み、アプリケーション全体をコントロールするシステムとして動作するため**SoC**（System on Chip）としての役割を担います（図5-8）。

Android OSはSoC性能の向上も考慮しており、GPUの最新ドライバをGoogle Playからダウンロードするしくみを提供することで、**ゲーム処理の快適性向上に追随**します。

また、SoCに含まれるデバイス温度情報をアプリケーションに知らせることで、**熱状況に応じた動作制限を行い、熱暴走を防ぎます。**

※1　これを被写界深度と呼び、カメラのピントが合う範囲を意味します。

図5-7　5Gアプリケーション進化への準備

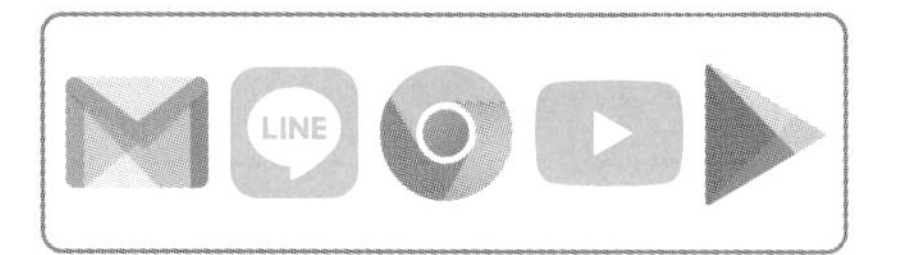

アプリ	通信速度
メール/LINE	128kbps～1Mbps
ブラウザ	1～10Mbps
YouTube	5～25Mbps解像度依存
Google Play	モバイル回線依存

折り畳みの開閉により
UI表示がスムーズに移行

Android 10 機能	目的
マルチカメラ	ボケのあるカメラ映像作成
5G接続確認	新しい5G動作開発
熱制御	デバイス性能改善
GPUドライバ更新	ゲーム性能最適化

図5-8　SoCがサポートする機能

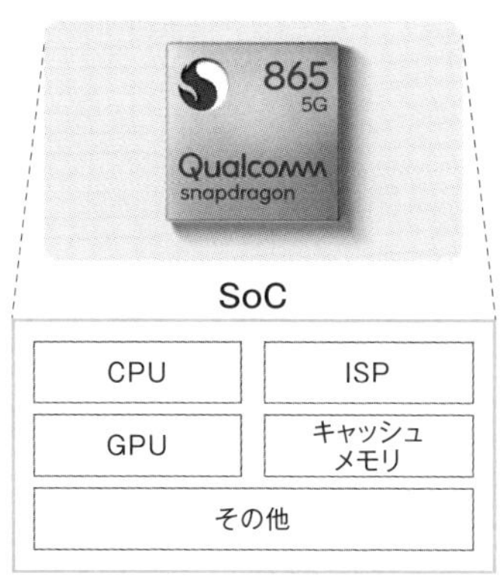

Snapdragon 865

チップ	役割
ISP	● 4K/8K動画対応 ● 標準/望遠/広角の静止画カメラ映像を組み合わせて自由に加工可能
GPU	ゲーム処理高速化に使用
CPU	端末システム全体を高速動作させるプロセッサ
キャッシュメモリ	● CPUと組み合わせて動作する高速メモリ ● 端末のレスポンスに貢献

出典：Qualcomm（URL https://www.qualcomm.com/products/snapdragon-865-5g-mobile-platform）

Point

- Android OSは5Gと共に進化するディスプレイやマルチカメラを使って5G特有のアプリケーションを作るしくみを用意している
- AndroidはSoCの性能を最大化する機能もサポートしており、アプリケーションを高速動作させながら、安定して動作するしくみを提供する

5Gスマートフォンの形状

通信速度とディスプレイの関係

スマートフォンの通信速度は、**ディスプレイ解像度**と密接に関係します。図5-9にYouTube再生時に必要な画面サイズと解像度の関係を示します。

解像度は大きいほど画面の繊細さが高くなり、データ通信で必要とされる速度も速くなります。

しかし、スマートフォンのような小さなディスプレイは、フルHD以上のWQHD※2のような解像度は人の目で区別がつかず、4K動画視聴は5G通信速度を活かしきれていない状況です（図5-9）。

その他、通信速度と関係するディスプレイの特徴として**リフレッシュレート**があります。リフレッシュレートは画面をどれくらい頻繁に更新するかを示す指標で、動きの速いスポーツのような動画は60Hzが一般的です。

また、動画コンテンツ自体のフレームレート※3もリフレッシュレートと同等であることが要求されるため、5Gを使った60フレーム/s以上の動画コンテンツが今後増えてくると考えられます（図5-9）。

5Gスマートフォン形状の進化

5Gの高速通信を活かすサービスを実現するためには、どうしても大画面でありながらモバイル性を持ったディスプレイが必要となります。

このような動向から、耐久性の問題などがあり市場ではそれほど普及していませんが、画面を折り曲げて使うスマートフォンが登場し始めています。

折り畳み方式のスマートフォンを図5-10に示します。Android 10では既に**折り畳み式の端末の表示**をサポートする機能を搭載しているので、ディスプレイの新形状を活かす5Gに特化したアプリケーションが出てくると、**これまでのスマートフォンの用途や応用範囲が大きく広がる可能性があります。**

※2 HD画質（1,280×720）の4倍の解像度。図5-3のQHD+はWQHDを縦方向に延長したディスプレイ。
※3 コンテンツが1秒間に何枚の画像を更新するかを示す頻度。

図5-9　YouTube再生時に必要な画面サイズと解像度の関係

(1) 解像度と通信速度の関係

動画解像度	YouTube視聴時 回線通信速度
8K	80 ～ 100Mbps
4K	25 ～ 40Mbps
WQHD	10Mbps
フルHD	5 Mbps

(2) 解像度の種類

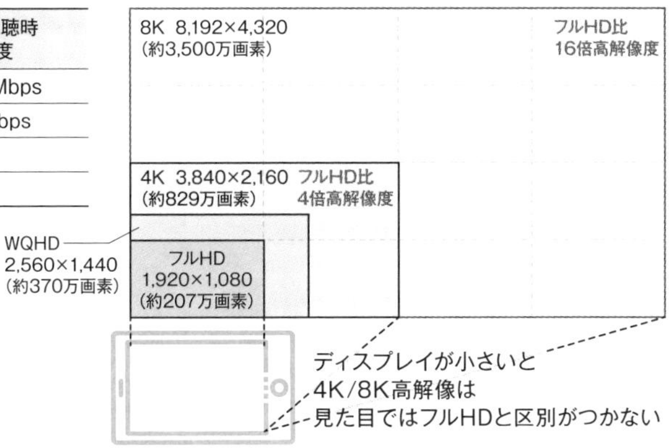

(3) リフレッシュレートと通信速度の関係

144Hz時データ通信速度は
60Hz時の2.4(=144/60)倍必要だが、
2.4倍滑らかに画像が表示される

図5-10　折り畳み方式のディスプレイの種類

三つ折り型

縦型折り畳み型

横型折り畳み型

Point

- 5G高速通信の影響を最も受けるのはディスプレイ。高精細化やリフレッシュレートの高速化が必要になる
- モバイル性を維持して大画面化できる折り畳み式ディスプレイは、スマートフォンの形状をこれまでとまったく違うものにする可能性がある

5Gスマートフォンのカメラ映像

5Gスマートフォンのマルチレンズカメラの実装技術

スマートフォンの通信速度が高速になると、取り扱うコンテンツも影響を受け、特にカメラが高機能化することが予測されています。

具体的には、4K/8Kで撮影した高画質動画をアップロードして、テレビで視聴するようなユースケースの普及が考えられます。

スマートフォンで搭載されるカメラを理解するため、その基本原理を図5-11に示します。

カメラ機能は、❶光を集めるレンズ、❷レンズから入ってきた光をアナログ電気信号に変換するイメージセンサー、❸イメージセンサーから出力されるデジタルデータに対して画像処理を行うISP（Image Signal Processor：画像信号処理プロセッサ）で構成されます。

画像や映像を高画質化するには、イメージセンサーのサイズ（画素数）とレンズの大きさ／明るさが大きな要因を占めます。

しかし、スマートフォンは小型・薄型であることが要求されるため、焦点距離が異なる複数の小型レンズを並列に配置（マルチレンズカメラ）し、**それらを適切に切り替えて使用することで、高級カメラと同様の光学式のズーム機能を実現しています。**

ToFセンサーで一眼レフ並みのボケの生成

ISPは映像に関連するさまざまな処理を取り扱います。例えば、ホワイトバランス調整／オートフォーカス／8K高解像度データの高速デジタル処理はISP内で行われます。

この他、カメラの背景にぼかしを入れるToF（Time of Flight）カメラの映像もISPでデジタル処理を行います（図5-12）。ToFカメラの原理は、被写体と背景にレーザー光を照射して、受光レンズに返ってくるまでの時間差情報をセンサーに記録し、それぞれを別の物体としてソフト処理することで背景をぼかして被写体を際立たせる撮影が可能になります。

図5-11　マルチレンズカメラの原理

❶レンズ
焦点距離
超広角
広角
望遠
光
❷イメージセンサー
（光→アナログデータ）
❸アプリケーションプロセッサ
（アナログデータ→デジタルデータ）
露光調整
手ぶれ補正
ホワイトバランス
深度処理
色空間処理
動画／静止画
ISP

図5-12　ToFを使った背景をぼかした画像処理

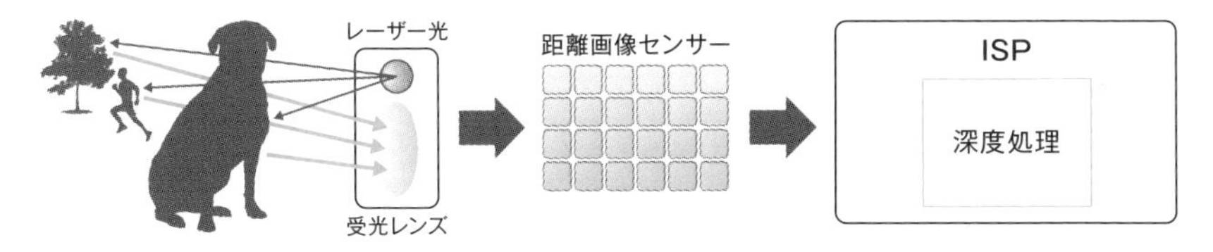

❶被写体と背景の距離情報をセンサーで記録

❷背景と被写体を別々の物体として画像加工することで被写体を際立たせる映像をソフト処理で作成可能

被写界深度が深い

被写界深度が浅い

Point

- 5Gの高速性は、映像アップロードをより普及させ、高画質、高精細の画像や動画が撮影できるスマートフォンが必要になる
- スマートフォンの薄型形状の制約から、焦点距離の異なるカメラを横に並べて撮影し、ソフトで高画質処理することが一般的になっている

5Gスマートフォンのゲーム処理

5Gスマートフォンはゲーミングスマホの代表

スマートフォンのゲームは3D処理で高精細映像の描画や、オンラインで複数人がリアルタイム操作でプレイをすることが当たり前になってきました。

しかし、スペックの低いスマートフォンでは、プレイ中に「メモリが足りません」「処理速度優先のため描画クオリティを落とします」などが表示されることがあり、ゲームに適した一定条件を満たすスマートフォンを**ゲーミングスマホ**と呼ぶようになりました（図5-13）。

5Gスマートフォンに搭載される「Snapdragon 865」アプリケーションプロセッサは、ゲーミングスマホ用のスペックを満たすことを示す「**Snapdragon ELITE GAMING**」というブランド名がつけられています。

クラウドゲームとオンラインゲーム

これまでのゲームは、アプリケーションをダウンロードした後、オンラインでサーバーとコマンド通信をしながらプレイをしますが、ゲーム処理はスマートフォンのプロセッサで実行します。

一方**クラウドゲーム**は、ストリーミング配信の形態でゲームサービスを提供します。

プレーヤーはコントローラーの操作をインターネット経由でクラウドに伝え、クラウドが実際のゲームの処理をした結果を映像として、ユーザーに配信してゲームを行います。

実現に向けては大容量、低遅延伝送が保証される必要があります（図5-14）。

クラウドゲームのメリットはインターネットに接続して、リフレッシュレートが高いディスプレイを備えた端末さえあれば、高度な対戦ゲームを手軽に楽しめることです。今後5Gエリアの整備が進むにつれて、サービスが普及していくことが期待されています。

図5-13 **ゲーミングスマホの条件**

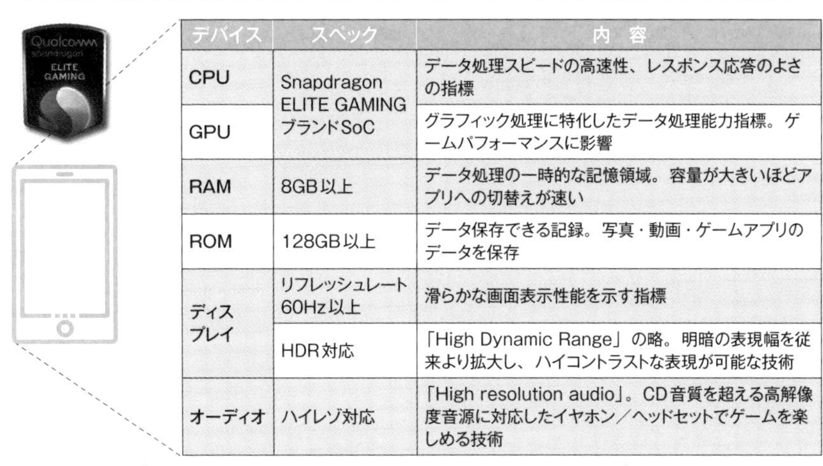

デバイス	スペック	内　容
CPU	Snapdragon ELITE GAMING ブランドSoC	データ処理スピードの高速性、レスポンス応答のよさの指標
GPU		グラフィック処理に特化したデータ処理能力指標。ゲームパフォーマンスに影響
RAM	8GB以上	データ処理の一時的な記憶領域。容量が大きいほどアプリへの切替えが速い
ROM	128GB以上	データ保存できる記録。写真・動画・ゲームアプリのデータを保存
ディスプレイ	リフレッシュレート60Hz以上	滑らかな画面表示性能を示す指標
	HDR対応	「High Dynamic Range」の略。明暗の表現幅を従来より拡大し、ハイコントラストな表現が可能な技術
オーディオ	ハイレゾ対応	「High resolution audio」。CD音質を超える高解像度音源に対応したイヤホン／ヘッドセットでゲームを楽しめる技術

出典：Qualcomm（URL：https://www.qualcomm.com/products/smartphones/gaming）

図5-14 **5G通信を活かすクラウドゲームの形態**

	クラウドゲーム	オンライン	オフライン
通信	発生	発生	発生しない
描画処理	クラウド	端末内GPU	端末内GPU
通信形態	ストリーミング	ダウンロード／コマンド	ダウンロード
回線	5G大容量、低遅延伝送	通常の4G 高速通信	なし
ゲーム形態	ゲーム映像伝送 ブラウザ クラウド処理 ゲーム操作伝送	ダウンロード／コマンド GPU処理 コマンド ゲーム管理	

Point

- スマートフォンが「Snapdragon ELITE GAMING」というブランド名を使っていればゲーミングスマホの条件を満たす
- 5G無線を使うクラウドゲームは、5Gの大容量、低遅延サービスの実現が必須であり、普及には5Gエリアの整備も重要になる

5Gスマートフォンを活用したVR処理技術

360°カメラとVR視聴の関係

5G通信による高速化によって、これまで通信帯域の不足により実現が難しかった動画配信サービスの普及に期待が持たれています。

その中でも360°カメラで撮影したパノラマ映像をVR（Virtual Reality）で楽しむサービスが検討されています（図5-15）。

360°カメラはボディの前後にレンズを備え、2つのカメラで撮影した動画をUSB/Wi-Fi接続でスマートフォンに転送します。

転送された画像は専用アプリケーションを使用して180°映像をズレなくつなぎ合わせて360°に変換するデジタル処理を行い、FacebookやYouTubeアカウントと連携して**リアルタイム配信**ができます。

配信された映像はスマートフォンやPCで360°見渡せる動画として視聴することもできますが、VRゴーグルを用意することで、撮影者が体験している同じ景色に没入することが可能になります。

VRゴーグルをサポートするスマートフォン

YouTubeで3D再生に対応している動画は、画面右下に「VRゴーグルのアイコン」が表示されています。

このアイコンをタップすると画面が2分割されたVRモードが開始します。VRは左右視点にそれぞれ異なった映像を用意して、それらを合成することで立体的に見えるしくみを利用しています（図5-16）。

360°動画の場合は全方位に景色がつながっていることや、映像に奥行きがあることが通常の動画との違いで、VRゴーグルを装着した頭の動きに連動して360°映像の方向が見えるため撮影時の臨場感が体験できます。

VRゴーグルに装着したスマートフォン内のセンサーが頭の回転や傾きを感知して、撮影されている360°画像をトラッキングすることにより実現しています。

図5-15 **360°カメラ高精細映像のアップロード**

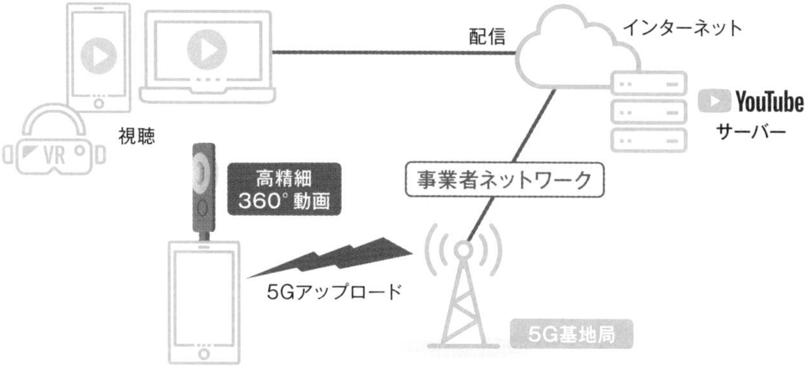

視聴
配信
インターネット
YouTube
サーバー
事業者ネットワーク
高精細
360° 動画
5Gアップロード
5G基地局

図5-16 **VR映像のしくみ**

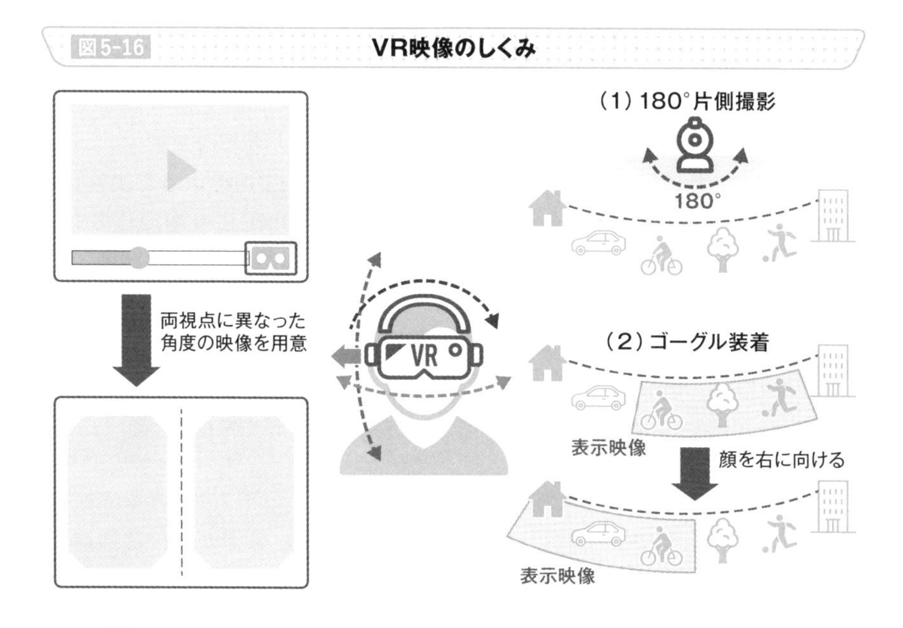

Point

- 360°カメラを使ったVR映像をスマートフォンでライブストリーミング配信するユースケースが5Gで考えられている
- スマートフォンに内蔵されているセンサーを頭の動きと連動させることで、360°映像を視聴するVRゴーグルとして使用できる

5Gスマートフォンの低消費電力化

5Gスマートフォンの不得意な処理

5Gスマートフォンの電池持ちは4Gよりやや短くなる傾向があり、電池容量がこれまでより大きくなっています（図5-17）。

スマートフォンの内部状態は大きく❶待ち受け中と❷通信中の2つに分類され、通信パケットの有無に依存して遷移が決まります。

NSA方式（**4-7**参照）では、5G端末でも待ち受け中は4G信号を受信して動作するため電流の消費は4G端末と同じです（図5-17）。

待ち受け中からパケット通信が発生すると5G通信を開始しますが、データを送受信する帯域が4Gよりもはるかに広いため、パケット通信が発生しない❸待機中状態でも定常的に無線部電流値が大きくなります。

散発的に少量パケットが発生するブラウジングやLINEのような動作は、通信とパケット待機状態を繰り返すため、消費電流が4Gより増加します。

一方大容量ファイルのアップロードやダウンロード処理では、高速でパケット送受信して無線部を効率よく使用して、通信するパケットがなくなれば4Gより早く待ち受け中に戻るため電流を削減できます。

通信帯域最適化による電流削減

5Gスマートフォンは広帯域通信を行いますが、IoT向けの小さな無線機器には明らかにオーバースペックの通信となるため、機器が持つ無線通信能力に応じて通信帯域を狭める制御方式がサポートされています。

スマートフォンの低消費電力化は、この可変帯域制御を利用して、パケット量が少ないときには通信帯域を狭めて通信を行うことにより消費電流を削減する検討がされています。

図5-18のストリーミング時の通信のように、受信パケット量が大きく変動する場合、動的に帯域幅を増減させることで電流消費を抑制できます。

現在の商用サービスではまだ実現されていませんが、今後の5G端末の電池持ち向上が期待されています。

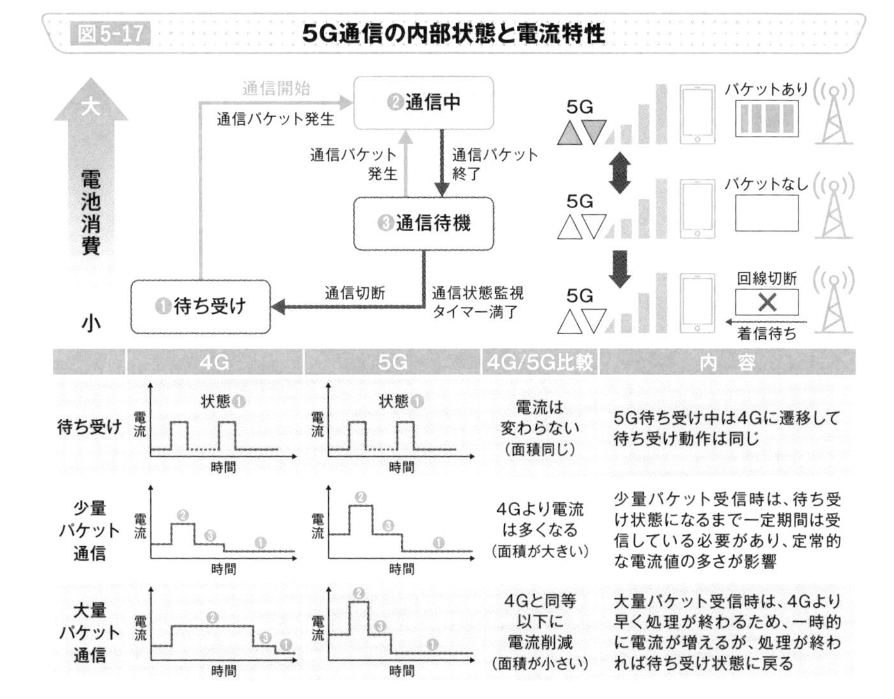

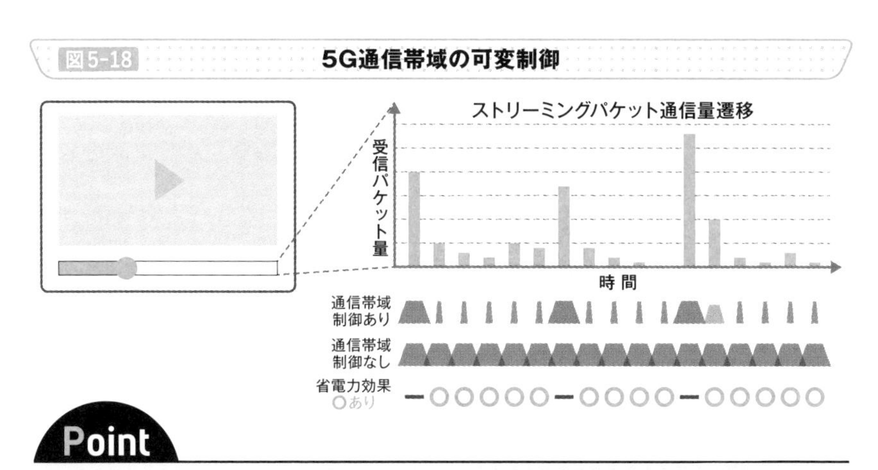

Point

- 5Gスマートフォンは定常的に発生する電流が大きいため、少量パケット通信を散発的に行うような通信で電池持ちが悪くなる傾向がある
- 5GはIoT機器のような低スペック機器が帯域を狭めて通信する方式をサポートしており、スマートフォン低消費電力化にも応用できる

5Gスマートフォンの熱対策

性能を考慮した熱緩和制御の重要性

スマートフォンで3Dゲームや動画撮影で長時間使用していると、CPUに高い負荷が掛かり発熱することがあります。

発熱が一定の基準を超えると低温やけどや、内部の部品破損を防ぐために温度上昇を抑える制御が働きます（図5-19）。

端末内部には、主要なハードウェアの温度を測定するセンサーが備わっており、温度情報がソフトウェアに集められて異常監視をしています。

ソフトウェアは温度が上昇すると、CPUやGPUプロセッサのクロック※4を下げる制御を行いますが、パフォーマンスが低下してタッチパネルの反応が鈍くなることがあるため**調整には注意が必要**です。

このため熱制御を最適化する過程においては、体感でわかりにくい端末のパフォーマンスをスコアとして数値化して確認を行います。

代表的な方法としては、AnTuTuと呼ばれるアプリケーションを使って、画面表示の速さ、ゲーム性能のテストを行った結果をスコア化する方法があります（図5-19）。

端末の熱緩和制御は性能向上と表裏一体の関係にあり、バランスを取った調整を行うことが使いやすい端末の条件になります。

5G通信の温度上昇制御アルゴリズムと端末の熱設計

5G端末は通信中の温度上昇抑制も考慮されており、図5-20に示すように、❶データ通信中の送信電力低下、❷通信中のデータに制限を掛けて送受信しない期間を増やす制御が一般的です。

さらに5Gでは、❸最終的に5Gでの通信を停止して4G通信に切り替える制御がなされますが、これでは5G端末の意味がありません。

5G端末は消費電流も大きく温度が4Gより上昇しやすいため、端末自体の構造として熱を1カ所に集中させず、**端末全体に拡散させて温度が上昇しない工夫を施す根本的な熱対策**がなされています。

※4 デバイスが動作する速度。高速であるほど処理速度は速いですが、消費電力は多くなります。

図5-19 **5Gスマートフォンの温度監視と性能評価**

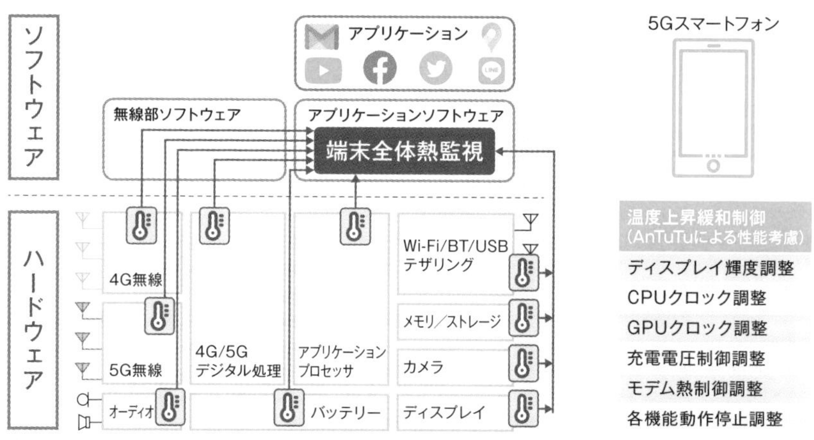

スコア	AnTuTu評価内容
CPU	端末全体の総合性能を評価し、スコア値はレスポンスや表示速度などに影響
GPU	ゲームなどのグラフィック性能を評価し、スコア値は特に3Dゲームに影響
UX	ユーザーエクスペリエンスを評価し、レスポンスや表示速度、滑らかさなどの使用感に影響
MEM	メモリスコア。RAMやROMの読み書きのスピードを評価し、スコアはアプリケーションの立ち上げの速さや切替時間に影響

図5-20 **5G通信の温度制御**

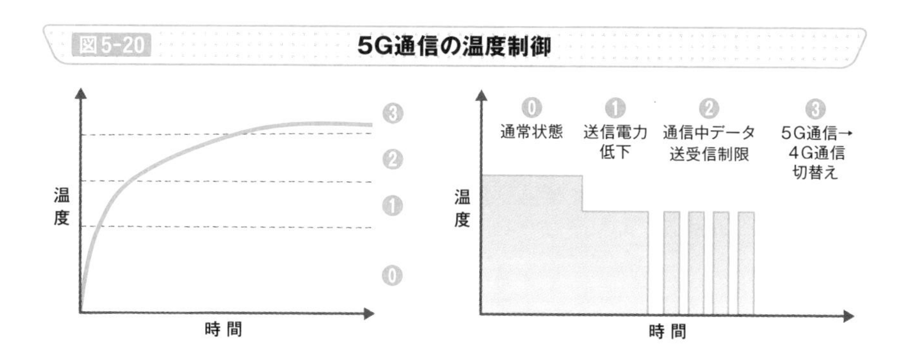

Point

- 5Gスマートフォンの熱緩和制御は、性能面を考慮して調整を行うことが使いやすい端末の条件となる
- 5Gスマートフォンの通信による熱緩和だけでは完全な制御はできないため、端末自体の構造として熱を上がりにくくする工夫が必要

やってみよう

スマートフォンのデバイス性能のベンチマーク（AnTuTu）

スマートフォンの性能を調べる目的で利用されるアプリケーション「AnTuTu」はhttps://www.antutu.comからアプリケーションをダウンロードして、インストールすることができます。

ベンチマークは、CPU性能、GPU性能、メモリ性能、ユーザーエクスペリエンス性能の4つの視点と総合スコアをテストして結果が表示されます（**5-10**参照）。

スマートフォンが測定した結果は、同じアプリケーションでテストを実施した他の端末と比較したり、ランキングを把握したりできるので、熱が過剰に発生せず、性能も劣化しないように調整することが可能になります。

AnTuTuのアプリケーション表示画面

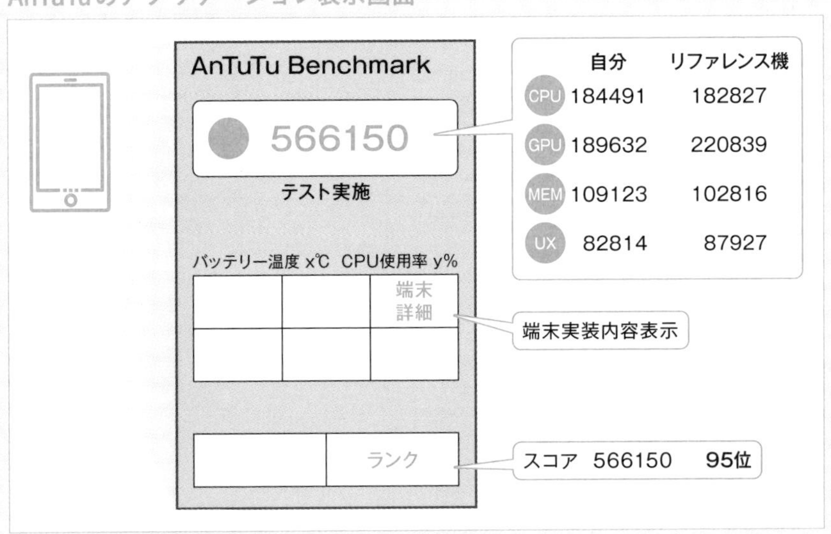

その他にも端末詳細を確認すると、実装デバイスやソフトウェアの詳細情報が一覧化して表示されるので、スマートフォンの中身を詳しく知りたい場合は、簡単に情報収集することができます。

第6章

5Gスマートフォンの動作のしくみ

～IoT機器を含むスマートフォンとネットワークの関係～

5Gスマートフォンの通信技術の進化

5G高速通信はアンテナ/無線機のデータ多重化により実現

5G通信技術は、4Gから少しずつ進化した通信高速化要素技術と、4Gを継続して使用する技術から構成されます。図6-1に3GPP※1で標準化された技術の遷移を示します（個々の詳細技術は以降の節で説明します）。

通信高速化要素技術に関しては、アンテナや周波数帯域を多数使って、データを一度に送受信する❶〜❸の4G技術を5G向けに進化させています。

❶複数アンテナを使って送受信データを多重通信するMIMO（Multi-Input Multi-Output）アンテナ技術（**3-5**参照）
❷異なる周波数同士を足し合わせて多重通信を実現するキャリアアグリゲーション技術（**3-2**参照）
❸4Gが5G通信を補助しながら同時にデータ送受信をするDual Connectivity技術（**4-7**参照）

5Gスマートフォンでは、これらを組み合わせて高速化を実現していますが、図6-2で示すように**音声やIoT通信のような技術では継続して4Gが使用されています。**

5G通信で不足している機能は4Gで補完する

5Gのシステム実装技術に関しては、NSA（Non-Stand Alone）方式とSA（Stand Alone）方式と呼ばれる2つの仕様が策定されました。

初期の5GサービスはNSA方式を使ったものが主流です。NSA方式は4Gと5Gの両方で通信を行いますが、それぞれ役割は異なります。

4Gは基地局と移動機間の接続を確立/維持する役割（Control Plane）を担い、5Gはインターネットを使ったデータ通信を高速化する役割に限定します（User data Plane）。これらはC/U分離※2と呼ばれ、4Gから進化した技術が用いられています。

※1 Third Generation Partnership Project。新規無線技術をRel.（Release）と呼ばれる範囲に区切って仕様検討を行い、標準化する国際的なプロジェクト。
※2 セル範囲が異なるスモール/マクロセル間で制御/ユーザーデータを分離・運用する技術。

図6-1 **5Gスマートフォンの通信技術の進化**

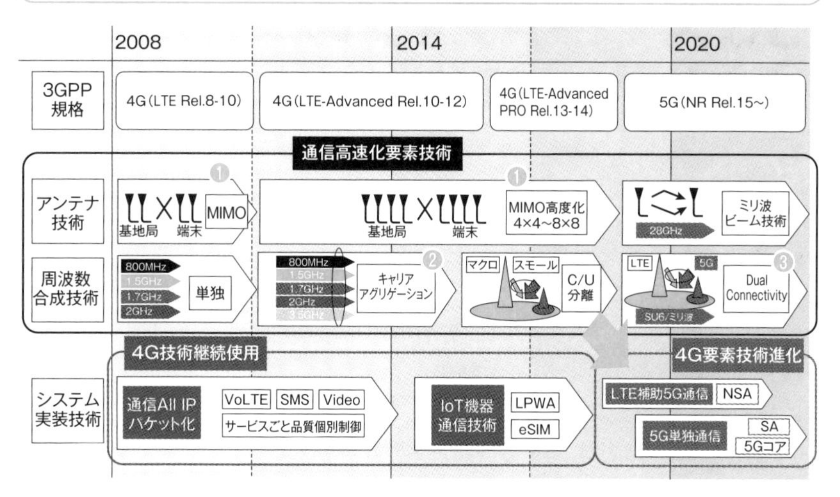

図6-2 **データ通信高速化方法**

分類	要素技術	説明	5G進化／継続使用
通信高速化	C/U分離 Dual Connectivity	●電波到達距離の違いを活用する技術 ●5GのNSA方式に応用することで早期の5Gサービスを実現	進化
音声関連技術	VoLTE/SMS/Video	●音声やビデオデータをインターネット通信と同じIPパケット通信として一元管理する技術 ●5Gでも十分な品質と性能を満たしている	継続
IoT技術	LPWA	●Low Power Wide Area通信技術は4Gで商用化済 ●5G要件をほぼ満たしている	継続
	eSIM	Embedded（埋め込み型）SIMはIoT機器／ローカル5Gに応用することでサービスの普及が見込める	継続

Point

- 5G高速通信は4Gから進化した要素技術を組み合わせて高速化を実現しているが、音声通信のような技術は4Gを継続使用している
- 5GのNSA方式は、システム動作として不足している技術を4Gから取り込み、4Gと5Gで補完する初期のサービス方式

5Gスマートフォンのネットワーク接続技術

5G基地局への接続方法

5Gスマートフォンがネットワークに接続する方法は**途中まで4Gスマートフォンと同じ**です（図6-3）。

端末は電源を入れると、❶4G基地局から事業者コアネットワークへの登録処理を行います。この基本動作をアタッチ（引っ付ける）と呼び、通信に必要なIPアドレスが端末に割り当てられます※3。

4G基地局は、5Gと連携する観点で2種類存在し、5G基地局と連携する基地局enhanced LTE（eLTE）と単独動作する基地局（LTE）があります。アタッチ処理後は待ち受け状態に入りますが、ここまでは4Gと同じです。

❷次に移動機のデータ通信が発生すると、eLTE基地局は5G基地局セルと協調して動作を行えるように「5Gセル追加」を準備します。

❸eLTE基地局は、基地局接続方式が4G単体から5Gとの協調動作に変更したことを「基地局接続Reconfiguration（再構成）メッセージ」でスマートフォンに知らせます。❹スマートフォンはメッセージを処理すると、5Gセルに対して接続を行い、Dual Connectivityでの「5G接続確立」が完了します。

5Gピクトの点灯タイミング

移動機が5Gピクトを表示するタイミングは、待ち受け中／通信中状態、eLTE/LTE接続基地局によって変わります（図6-4）。

スマートフォンは5G基地局と通信しているときは5Gピクトが点灯し、LTEを使って同時に通信する場合も5Gピクトが点灯します。

通信が終わると5G基地局との接続を切断してeLTE基地局で待ち受け状態になりますが（**5-9**参照）、待ち受けから通信状態に遷移して、いつでも5G通信ができる状態のため、待ち受け中も**5Gピクトが点灯**します。一方、LTE基地局で待ち受け／通信をする場合は4Gピクトが点灯しますが、eLTE基地局でも意図的に4G通信を使う場合は4Gピクトが点灯することがあります※4。

※3 電源OFFする際にネットワーク登録を削除する処理は「デタッチ」（引き離し）です。
※4 例としては熱や温度上昇に伴い5Gを切断して4Gで通信する場合があります（**5-10**参照）。

図6-3　**5Gスマートフォンのネットワーク接続動作**

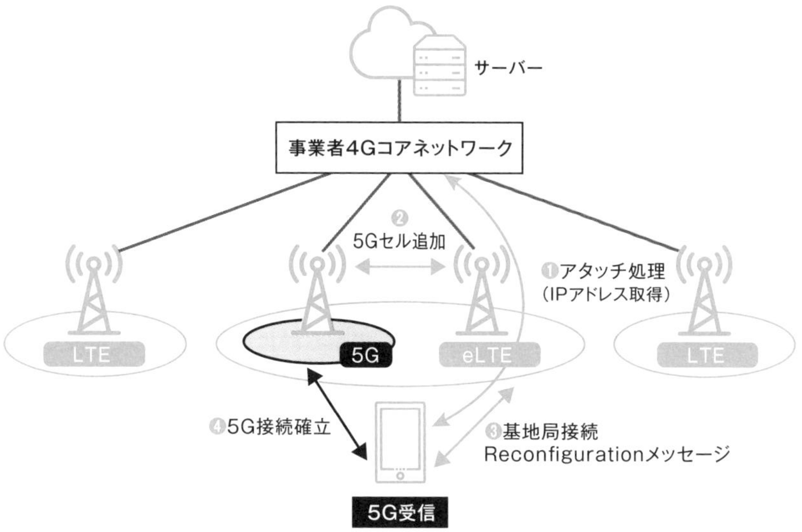

サーバー
事業者4Gコアネットワーク
❷
5Gセル追加
❶アタッチ処理
(IPアドレス取得)
LTE
5G
eLTE
LTE
❹5G接続確立
❸基地局接続
Reconfigurationメッセージ
5G受信

図6-4　**5Gピクトの点灯タイミング**

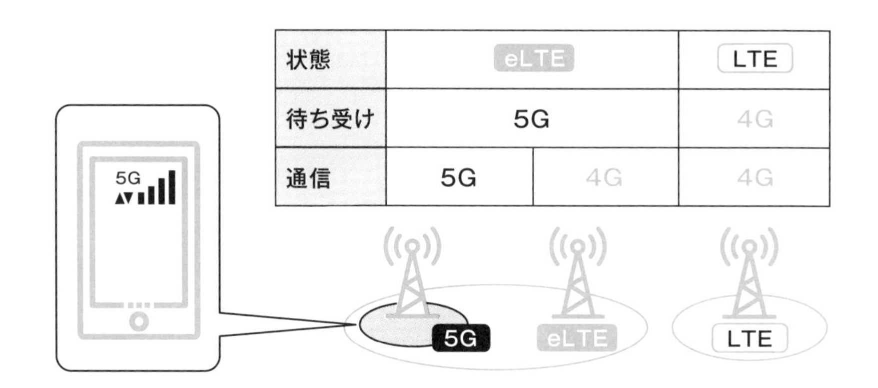

状態	eLTE		LTE
待ち受け	5G		4G
通信	5G	4G	4G

5G
5G
eLTE
LTE

Point

- スマートフォンの5G接続動作は4Gと途中まで同じである。5G基地局は4Gに追加される形で構成を変え、5Gにアクセスできるようになる
- 5Gの待ち受け動作は4G上で行われるが、いつでも5G通信が可能なため、5Gピクトが点灯する

5Gスマートフォンのデータ通信高速化

5GとLTEとの同時通信のしくみ

5G商用サービスでは、ダウンリンク最大4Gbps前後の通信速度を達成するためにLTEと5Gの**同時通信機能**がサポートされています。

同時通信はいつも発生しているわけではなく、大容量コンテンツを連続して送受信する状況にならないと発生せず、通常は5Gを優先して通信が行われます。図6-5に同時通信のしくみを記載します。

1. 移動機はサーバーから5G基地局を経由してデータ受信をするが、基地局側では移動機のデータ受信量を常時モニターしている
2. データ受信量が増加して一定基準を超えると、データを分割して5Gと4Gを使った通信が行われる

移動機側は5GとLTEで同時受信したデータをソフトウェアで合成することでサーバーからのデータを正しく受信できます※5。

テザリングとモバイルルータの違い

スマートフォンでは、**テザリング**と呼ばれる機能を使う場合も高速データ通信が発生します。テザリングは「tetherテザー（つなぐ）」を意味して、他のデバイスとローカル通信により接続します。

ローカル通信の種類は目的に応じて複数ありますが、通信性能がインターネット通信時のボトルネックとなるケースがあり注意が必要です。

一方、データ通信に特化したモバイルルータ型の端末は、ローカル通信とインターネット通信の両方の性能を向上させるためにWi-FiやUSBの最新規格をより早くサポートする傾向にあります（図6-6）。

またスマートフォンで発生する筐体（きょうたい）薄型化の制約もなく、有線LANの搭載や、アンテナ性能を最大化する実装が可能になり、快適なインターネット通信が可能となります。

※5 データ送信時の同時通信に関しても、スマートフォンがバッファ内の送信データ量を管理して必要性を決定します。

図6-5 5Gスマートフォンの5G、LTE同時通信の原理

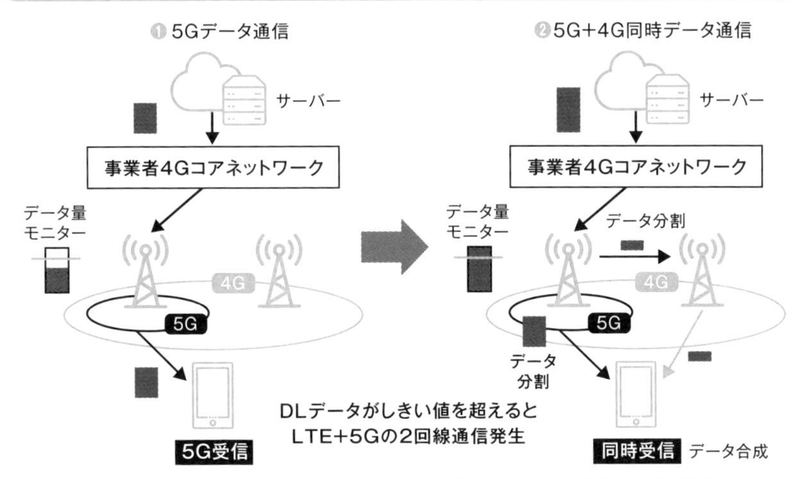

出典：NTTdocomo「LTE-Advanced Release 13における広帯域周波数の活用技術」を基に作成

図6-6 テザリングとモバイルルータの違い

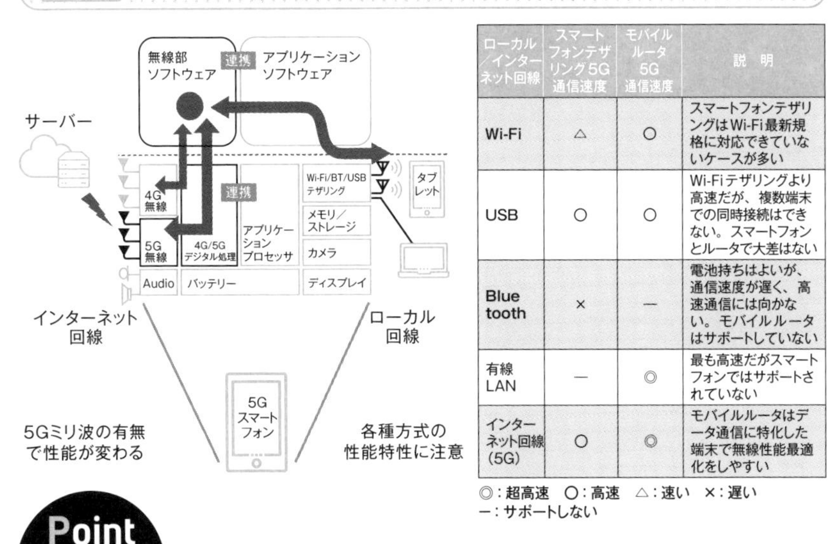

ローカル／インターネット回線	スマートフォンテザリング5G通信速度	モバイルルータ5G通信速度	説　明
Wi-Fi	△	○	スマートフォンテザリングはWi-Fi最新規格に対応できていないケースが多い
USB	○	○	Wi-Fiテザリングより高速だが、複数端末での同時接続はできない。スマートフォンとルータで大差はない
Blue tooth	×	―	電池持ちはよいが、通信速度が遅く、高速通信には向かない。モバイルルータはサポートしていない
有線LAN	―	◎	最も高速だがスマートフォンではサポートされていない
インターネット回線（5G）	○	◎	モバイルルータはデータ通信に特化した端末で無線性能最適化をしやすい

◎：超高速　○：高速　△：速い　×：遅い
―：サポートしない

Point

- 5Gは4Gと協力して通信速度を最大化する機能があるが、大容量コンテンツの送受信を行うときに使用され、通常は5Gのみで通信を行う
- テザリングも5G高速通信を利用するが、機器と接続する通信部分の影響を受けやすく、モバイルルータよりも性能は劣る傾向にある

5Gスマートフォンの音声通信

音声通信を4Gで行うメリット

5G商用サービスで音声通信は4Gを使ったVoLTE（Voice over LTE）で行われます。

VoLTEは3Gで行われていた音声専用回線での通話ではなく、通信パケットを「IPアドレス」に基づいて相手に送るパケット通信方式を用い（**4-2**、**4-3**参照）、IMS（IP Multimedia Subsystem）※6と呼ばれるマルチメディアを統合するサービスを通して音声通話を実現する技術です。

事業者コアネットワークでは、インターネット通信を含むさまざまなサービス種別のパケットがすべてIPパケットとして一元管理して扱われ、通信品質やパケット転送遅延の優先度を決める役割を果たします。

例えばインターネットを使ったLINE通話とVoLTEでは、混雑時や移動中の通信品質がまったく異なります（図6-7）。

VoLTEの音声品質は周波数帯域が50Hz～7kHzまでと広く、音声をサンプリングしてデジタル化するレートも高いため、3G通話より発話者の音声をより忠実に再現できます。また、VoLTEをさらに高音質化するサービスVoLTE（HD+）もサポートされており、FM放送並みの音質が実現できます（図6-8）。

5Gでの音声通話の実現

5G通信を使って音声通話をすること自体は可能で、VoNR（Voice over NR（5G））と呼ばれる仕様が策定されていますが、音声通話は十数Kbpsで済み高速性を必要としないため、4Gでも必要な品質は満たしています。

5Gで音声通話を行う場合は、セルのカバレッジ範囲の問題もあります。5Gでサポートされるセルはエリアが狭いため、頻繁にセル間のハンドオーバが発生してしまいます（図6-7）。

音声のように連続的に通信をするサービスは、通話切れや切断が発生してしまい品質的にも問題があります。このため5Gでの音声サポートに関しては**5Gエリアの拡大が不可欠**です。

※6 SMSやTV電話のような機能もIPパケットとしてIMSを通して通信が行われます。

図6-7 **5Gスマートフォンの音声通話のしくみ**

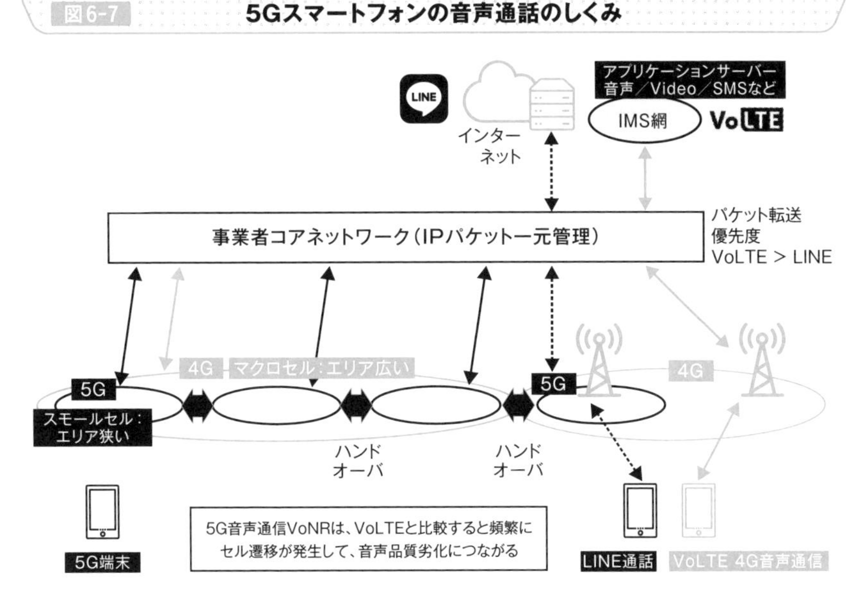

図6-8 **VoLTE通話の音声品質**

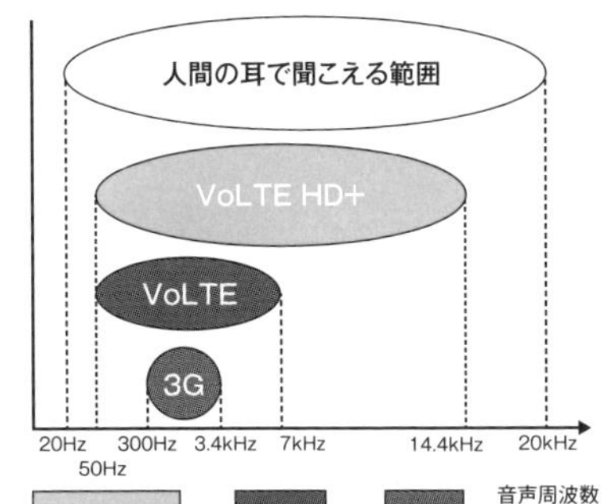

技術要素	3G音声	VoLTE	VoLTE HD+
音声周波数帯域	300～3,400Hz	50～7,000Hz	50～14,000Hz
音声サンプリングレート	8kHz	16kHz	32kHz
音声データ伝送速度	12.2Kbps	12.65Kbps	13.2Kbps

出典：NTTdocomo「VoLTE／VoLTE(HD+)」(URL：https://www.nttdocomo.co.jp/service/volte/)を基に作成

Point

- VoLTEを使った音声通信はシステム的なデータ管理が4Gで確立しており、インターネットを使ったLINEのような通話よりも品質が優れている
- 5Gで音声通信を行う場合は、まずサポートするセルのカバレッジを広げないと4Gからの品質劣化につながる

5Gスマートフォンのインターネット通信速度

通信性能はエンドツーエンドで決定される

スマートフォンで頻繁にアクセスされるインターネットサイトのコンテンツは、低速端末でも表示ができるよう小さ目に作られています。

表示がサクサクされるように感じるレスポンス性のよさは、通信回線の高速性よりも**遅延性能**がより重要となります。

遅延特性はPING（Packet Internet Groper）と呼ばれるソフトで測定できます。方法は、インターネット上のサーバーのIPアドレスを指定して、測定用パケットが端末から発信されてから、通信先サーバー経由で自分に戻ってくるまでの時間をエンドツーエンドで計測します（図6-9）。

通信経路は端末内処理、無線区間、事業者コアネットワーク、インターネット、サーバー内処理が相当します（図6-10）。

5Gは無線区間の遅延時間が4Gの10分の1とされていますが、それは無線区間内での処理時間でしかなく、実際はそれ以外の部分で発生する遅延時間が大きくなります。そのため、5Gスマートフォンと4Gスマートフォンで遅延差分は大差ないのが現状です。

遅延特性改善には5G仕様の基地局構成が必要

5Gシステムでは、**事業者コアネットワークと基地局をすべて5Gで構成することにより、低遅延を実現する通信仕様が標準化**されています。具体的には事業者コアネットワーク内にサーバーを設置するMEC（Mobile Edge Computing）機能のサポートで、インターネット通信で発生する部分の遅延を削減できます。この他、サービス種別ごとに適したネットワーク構成を最適化し、低遅延特性のサービスと大容量通信のサービスの性能を確保するネットワークスライスと呼ばれる機能もあります。これらは現状の5G商用サービスではまだサポートされていませんが、今後徐々に導入されていくことが予定されています。

図6-9 ネットワークの遅延特性

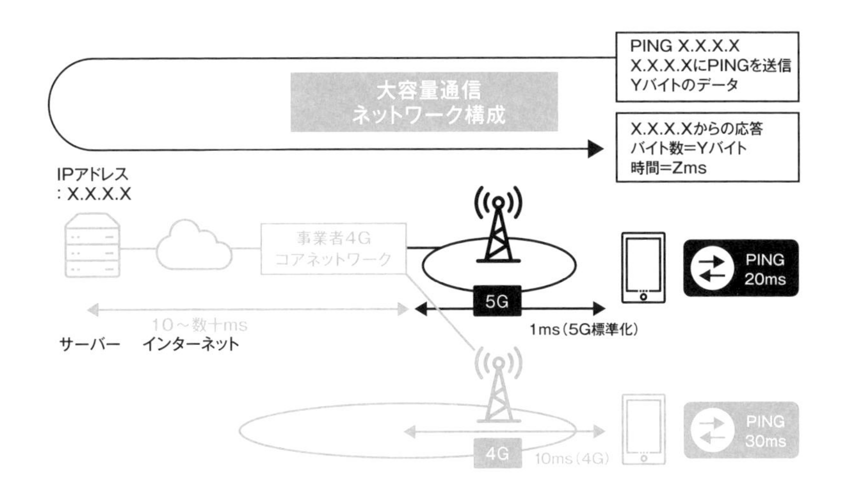

図6-10 5G仕様のネットワーク構成

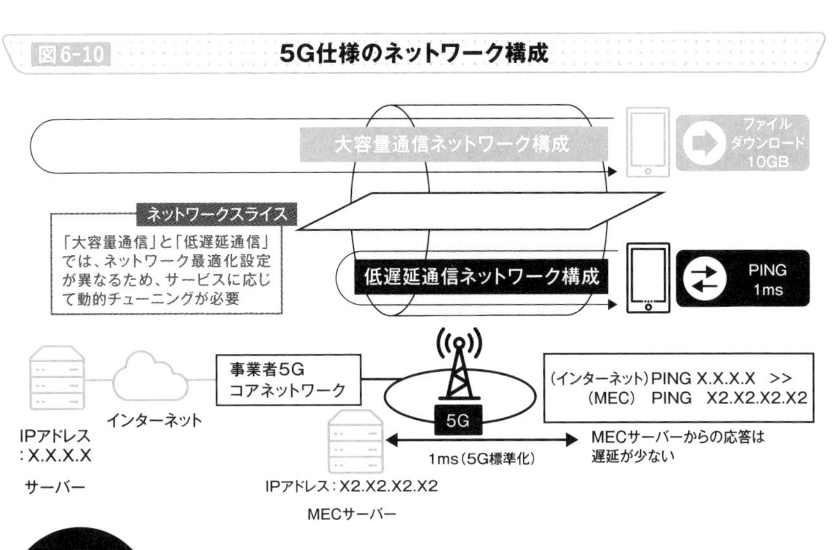

Point

- スマートフォンのブラウザを使った通信は低遅延特性が重視されるため、インターネットを経由する部分の遅延が問題となる
- 遅延特性の改善は5G仕様のネットワークと基地局を構成することにより改善できる可能性があるが、実現にはもうしばらく時間が掛かる

5GにおけるIoT多数機器接続

4G機能を5Gへ流用

現状の5G商用サービスは、通信トラフィック量をより多く必要とするエリアから高速大容量のサービス展開が行われています。

一方、IoT機器向けのmMTC（massive Machine Type Communications）と呼ばれる大規模多数接続サービスに関しては、ある程度の5Gカバレッジが必須条件となるため、今のところサービスが行われていません。

mMTCで使用する機器は、LPWA（Low Power Wide Area）とも呼ばれ、低消費電力でありながら長距離、広範囲の通信が実現できることが特徴です。

LPWAは4Gで既に確立された技術があり、①LTE-M（LTE-Machine）と呼ばれるウェアラブルのような機器向けの通信方式、②NB（Narrow Band）-IoTと呼ばれるスマートメータのような機器管理／故障検知などに使用される通信方式があります（図6-11）。

これら4GのLPWA機器は動作寿命が10年以上で動作しており、5Gカバレッジが拡大されたとしても、5G仕様に置き換えるのは容易ではありません。このためmMTCベースのサービスに関しては、**4Gで使用されているLPWA技術を活用しながら5Gへ徐々に進化させていくこと**が検討されています。

LPWAの進化の方向性

mMTCに関連する5G性能目標は、❶低消費電力化、❷通信距離最大化、❸接続デバイス数の拡大、の3要素があります。このうち❶と❷は**5Gとは真逆の方向に技術を進化させて実現すること**が検討されています（図6-12）。具体的には、❶低消費電力化は通信の狭帯域化を進化させていく、❷通信距離最大化はアンテナ数を1つだけに減らすなど簡単な装置構成にしながらも、データを繰り返し送信して確実性を上げる、などの実装が検討されています。❸の接続デバイス数の拡大は4G技術ではなく、IoT機器通信の特性を考慮した5G仕様の多重通信方式の導入が検討されていますが、まだ確定した技術はありません。

図6-11 4G LPWA技術の特徴

	LTE（最低速度）	LTE-M（LTE- Machine） 	NB（Narrow Band）-IoT 
機器	ー	ウェアラブル／見守り機器	スマートメータ／機器管理／故障検知
用途	ー	比較的大きい送受信データを伴う低中速移動通信	静止／少量データ通信だが通信距離は長い
モビリティ	○	○	×
使用帯域幅	5～20MHz	1.4MHz	200kHz
通信速度	上り：5Mbps 下り：10Mbps	上り：300Kbps 下り：800Kbps	上り：62Kbps 下り：21Kbps
最大通信距離	ー	LTEの5.6倍	LTEの10倍
電池持ち寿命	ー	10年以上	10年以上

5Gとは逆方向の進化（狭帯域化／低速通信）

5Gではこの2つを4Gから継続進化させる

図6-12 5GにおけるLPWA進化の方向性

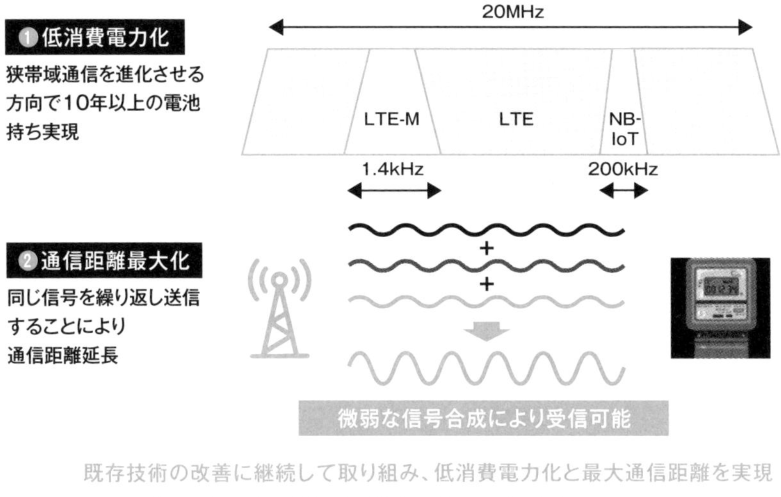

出典：NTTdocomo「多数・多様な端末接続 ー無線技術の進化 ー」を基に作成

Point

- 5Gの特徴である大規模多数接続サービスは現状の4G技術を有効活用することで実現することが検討されている
- LPWAの低層費電力化、通信距離延長技術の進化は、通常の5Gとは真逆の技術を取り入れることで実現しようとしている

5Gにおける低遅延サービスの実現と課題

5G技術のコネクテッドカーへの適用

5Gの特徴である高信頼・超低遅延な無線通信は**コネクテッドカーと呼ばれる自動車への適用**が検討されています（**7-4**参照）。

コネクテッドカーは、常時ネットワークに接続されて自車と周辺の情報を交換する車を指し、C-V2X（Cellular Vehicle to Everything）が有力な通信手段の候補となっています。

C-V2Xは、図6-13に示すように次の2つの通信をサポートしていますが、コネクテッドカーは、（1）と（2）を相互に連携させて情報を収集することにより、安全性や利便性を高めることを可能にします。

（1）ネットワークを介さない❶V2V：他車両との通信、❷V2I：道路設備との通信、❸V2P：歩行者との通信などの直接通信方式
（2）ネットワークを経由して、情報交換する各種通信（❹V2N）

C-V2Xの技術課題

C-V2Xをコネクテッドカーに採用する際の課題を図6-14に示します。

課題1　**直接通信の信頼性**

直接通信は既にDSRC※7技術を使った商用サービスが普及しており、V2I通信を使ったシステムの代表例としてETC※8があります。

一方、C-V2Xはセルラーを使わない通信の商用実績がほとんどないため、導入に向けては既存サービスとの共存も検討する必要があります。

課題2　**ネットワーク通信（V2N）の遅延性能**

V2N通信では、ドライバーが見通せない範囲の道路状況や交通情報を低遅延で送受信することが要求されます。通信するサーバーはクラウドではなく、**通信事業者の個々の基地局内にMECサーバーとして広範囲に設置する必要があるため、本格的なサービス開始には時間が掛かります。**

※7　Dedicated Short Range Communicationsの略。車両との通信に特化して設計された5.8GHz帯無線システム。
※8　Electric Toll Collection Systemの略。高速／有料道路で無線通信により決済を行うサービス。

図6-13 C-V2Xの仕様

通信方式（技術：既存サービス）		通信形態	特徴
(1) 直接通信（C-V2X：または DSRC：ETC）	❶ V2V	V2I V2I V2V	（Vehicle-to-Vehicle）車両と直接コミュニケーション
	❷ V2I		（Vehicle-to-Infrastructure）信号機や街灯などの道路付属設備と直接コミュニケーション
	❸ V2P	V2P V2P	（Vehicle-to-Pedestrian）歩行者と直接コミュニケーション
(2) ネットワーク通信（C-V2X：なし）	❹ V2N	V2N V2N V2N V2N	（Vehicle-to-Network）ネットワークを介して歩行者、車両、設備と通信

出典：ノキアソリューションズ＆ネットワークス株式会社「Connected Car社会の実現に向けて」（URL：https://www.soumu.go.jp/main_content/000464414.pdf）を基に作成

図6-14 C-V2X実現の課題

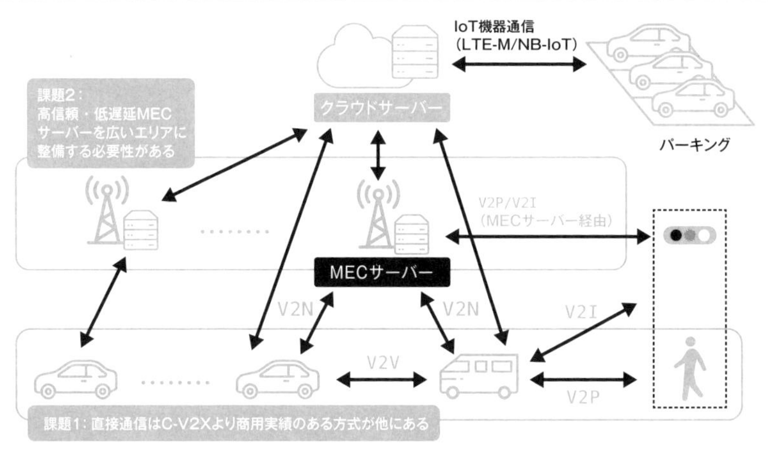

出典：ノキアソリューションズ＆ネットワークス株式会社「Connected Car社会の実現に向けて」（URL：https://www.soumu.go.jp/main_content/000464414.pdf）を基に作成

Point

- 5G低遅延サービスはコネクテッドカーへの適用が検討されており、C-V2Xと呼ばれる技術がある
- C-V2Xを用いた商用開始サービスには、直接通信／ネットワーク通信共に課題があり、本格的な商用開始にはまだ時間が掛かる

5Gネットワークの拡張方式

5Gの既存周波数への追加

5Gの特徴である高信頼・超低遅延や大規模多数接続サービスを実現するためには、5G仕様のコアネットワークとSA（Stand Alone）方式の基地局を設置してサービスエリアを拡大していく必要があります。

しかしサブ6やミリ波の周波数帯域は、4Gと比べ電波が届く範囲が狭いためエリアが広げにくい問題があり、解決に向けて検討されているのがDSS（Dynamic Spectrum Sharing）と呼ばれる技術です。

DSSは既存4G帯域へ5G基地局を導入して、周波数を共有しながらサービスを運用することを可能にします。4Gと5Gの帯域の共有方法には3つの方式があります（図6-15）。

DSSが導入されれば5Gエリアを大幅に拡大でき、音声／ビデオ通信の高度化サービスや、IoT機器を多数接続するスマートシティのようなサービスなど、新たな創出が見込めます（**7-6**参照）。

一方で4G既存周波数は帯域が狭く、5Gを導入しても高速性の面では、5G本来の性能を得ることは難しいことが予測されています。

ローカル5Gの導入

5Gの特徴あるサービスを実現する別のアプローチとして、ローカル5Gと呼ばれる4.5GHz帯の200MHz幅（4.6～4.8GHz）と28GHz帯の900MHz幅（28.2～29.1GHz）を使う通信形態の導入があります（**8-2**、**8-4**参照）。

ローカル5Gは通信事業者のサービスではなく、企業や自治体が自ら局所的な5Gサービスで、さまざまな用途で使用されます。

ローカル5Gの特徴として、特定のエリア内だけでサービスができればよいため、SA方式を導入しやすいことが挙げられます。

端末側の対応は、モビリティを考慮しなければNSAよりSAのほうが5G単独通信となり実装が単純化され、**ソフトウェアの更新**により比較的簡単にNSAからSAへの対応が可能となります（図6-16）。

図6-15 **DSSの構成**

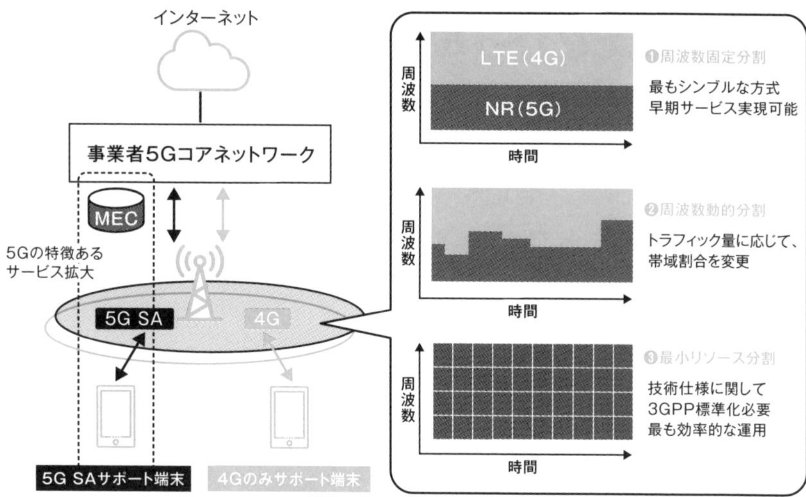

出典：欧州ビジネス協会電気通信機器委員会「DSS(DYNAMIC SPECTRUM SHARING)に関する国際標準化動向」(URL：https://www.soumu.go.jp/main_content/000639224.pdf)

図6-16 **ローカル5Gを使った5Gエリアの拡大**

キャリア	4G周波数								5G周波数		
									サブ6		ミリ波
周波数（Hz）	700M	800M	900M	1.5G	1.7G	2G	2.5G	3.5G	3.7G	4.5G	28G
NTTドコモ	20	30		30	40	40		80	100	100	400
KDDI	20	30		20	40	40	50	40	100		400
Softbank	20		30	20	30	40	30	80	100		400
Rakuten					40				100		400
ローカル5G										200	900

（1）DSSによる5Gサービス拡大
- 帯域が狭いため速度は出ない
- 広帯域をカバーするSA導入可能

（2）ローカル5Gによるサービス拡大
- 局所的でSAを導入しやすい
- 5Gの特徴のあるサービスを導入しやすい

Point

- 5Gの特徴を活かす事業者5Gコアネットワーク、SA基地局はDSS方式を使ってエリアを拡大できる可能性がある
- ローカル5Gは5Gエリアの拡大に貢献でき、SA方式へのスマートフォンの対応はソフトウェアアップデートで対応できる

5G端末のSIMカードの活用

5G向けIoT機器のeSIM活用

端末やIoT機器がセルラー通信を利用するには、プロファイルと呼ばれる通信事業者との契約情報を書き込んだSIMカードを使ってネットワークとの認証を行う必要があります。

SIMカードは基本的に書き換えできないため、機能更新などが発生した場合は、新たなSIMに差し替えて対応します。

通常IoT向け機器は膨大な機器数となるため、初めからプロファイルを機器に組み込んで実装しておき、遠隔からの書き換えを可能にしたSIMがeSIM（embedded SIM）です（図6-17）。

eSIMはユーザー自身でプロファイルの書き換えができるので、海外で端末を使う場合に事業者同士が連携して通信をするローミング処理が不要になります（図6-17（**a**）・（**b**））。

ユーザーは現地の通信事業者との認証に必要なプロファイルに書き換えることで、通信料金の低下や機能制限をなくすことが見込めます。

eSIMとDual SIMがローカル5Gサービスを拡張

5GスマートフォンにもDual SIMと呼ばれる形式のSIMを搭載している端末があります。Dual SIMは2つのSIMを同時に動作させ、異なるサービスを使用することが可能です。

例えば、ひとつは事業者の通話用SIM、もうひとつは別の事業者が提供する安価なデータ通信用SIMを使用することで、安定した高音質通話と安価なデータ通信を両立できるメリットがあります（図6-18（**a**））。

Dual SIMの異なるサービスを両立させる特性を活かして、**ローカル5G用eSIMと事業者SIMをDual SIMとして使うようなユースケース**が検討されています（図6-18（**b**））。ローカル5Gは構内無線システムとしてeSIMを使用し、エリア外では、事業者SIMを使用します。ユーザーはプロファイルを書き換えることによりさまざまなローカルサービスを使用できます。

図6-17 eSIMの特徴とローミング時動作

	SIM	eSIM
大きさ	12.3×8.8×0.86（mm）	6×5×0.9（mm）
取り外し	可	不可
搭載機器	主にスマートフォン／タブレット	主にウェアラブル／IoT機器（スマートフォン搭載可能）
プロファイル書き換え	通信事業者が最初に書き込み	ユーザー自身で書き換え可能

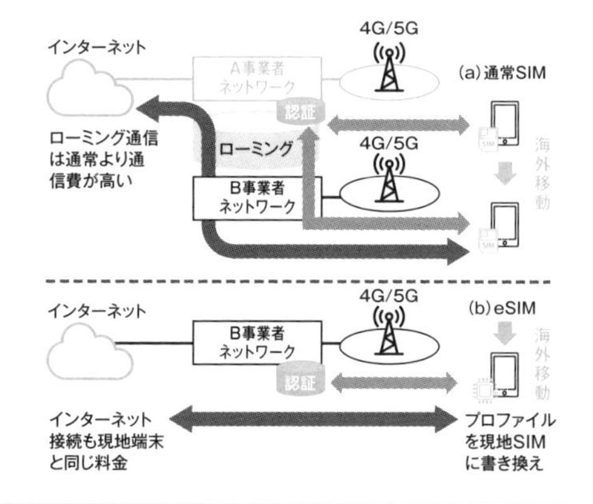

図6-18 Dual SIM/eSIMを使ったローカル5Gへの応用

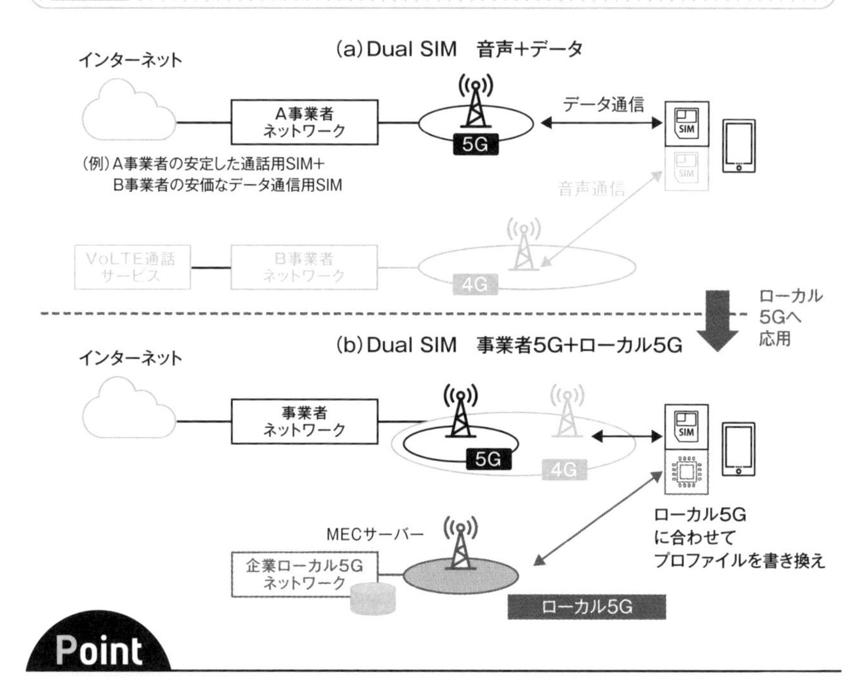

Point

- IoT機器のような多数接続用にeSIMが開発されたが、通常端末にも搭載でき、特にローミング時に有効活用できる
- Dual SIMとeSIMを組み合わせ、より多くの5Gサービスを受けることが可能になるような検討が行われている

やってみよう

スマートフォンの通信性能を確認する

スマートフォンの通信性能は、ブラウザからスピードテスト用試験サイトにアクセスすれば簡単にテストできます。

確認する内容はアップロード／ダウンロードスループットとPINGによる遅延性能で、試験サイトは複数あれば正確な結果を得ることができます。

その際、スマートフォンの「設定」のメニューから「トラフィックモード」で5Gと4Gを切り替えて測定すると、相対的な5G通信速度が体感できます。

Wi-Fiも加えて以下の比較をすると、通信方式と性能との関係がわかります。

各種無線方式の通信性能比較

	4G	5G	Wi-Fi
DLスループット	数百Mbps	500Mbps以上	環境依存
ULスループット	数十Mbps	100Mbps以上	環境依存
PING	数十ms	10～20ms	数ms

スマートフォンからサーバーまでの通信経路

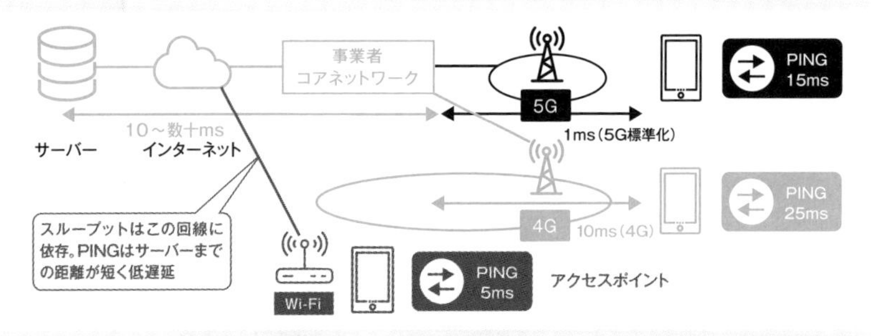

5Gの速度は4Gの数倍～10倍程度のスループットが出ますが、PING値はそれほどまだ低遅延ではありません。

Wi-Fi性能は、アクセスポイントからインターネットまでの回線状況に依存します。市場では100Mbpsを上限とする回線も多く、無線性能が活かせないケースがあります。遅延は5Gよりも通信経路が短く小さくなる傾向があります。

第7章

5Gがもたらすもの

～超高速、高信頼・超低遅延、多数同時接続を活かした新たなビジネスの事例～

5Gで新たなビジネスを創出する

単なる通信サービスからビジネス創出の基盤へ

ここまで5Gの通信機器や携帯電話機のしくみに関しての基本的な知識や動向を解説してきました。本章では、5Gが単なる通信サービスを超えて新しいサービスを創出する基盤として注目されている理由について事例を踏まえて見ていきます。

相互補完的な企業が共通の目的を目指すB2B2X

携帯電話事業者は、4Gまでは基本的に人と人とのコミュニケーションをつなぐ基盤として通信サービスを展開してきました。一方5Gでは、あらゆるモノ・人などがつながるIoT時代の新たなICT基盤として展開することを目指しています。

携帯電話事業者は通信サービスを展開するだけではなく、相互補完的なさまざまな企業と連携する**B2B2X**（Business-to-Business-to-X）モデル（図7-1）によって、**さまざまな領域でビジネスを創出する基盤となること**を目指しています。

5Gの超高速（eMBB）、高信頼・超低遅延（URLLC）、多数同時接続（mMTC）の3つの特性を活かして新たなビジネス創出が期待される領域として次の6つが挙げられます（図7-2）。

1. エンターテイメント
2. 産業応用
3. モビリティ
4. 医療
5. 地方創生
6. スマートホーム

この6つの領域での事例を次節以降で紹介していきます。

図7-1 **異業種連携から新しいビジネスを創出するB2B2Xモデル**

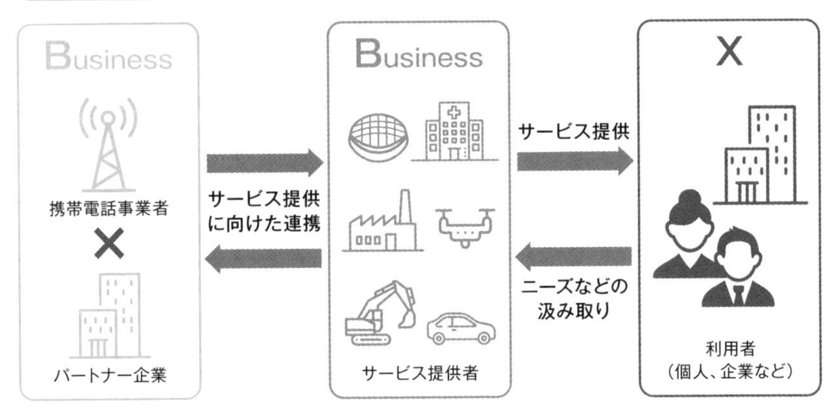

出典：総務省「2020年の5G実現に向けた取組」を基に作成

図7-2 **5Gの特性を活かして新たなビジネス創出が期待される領域**

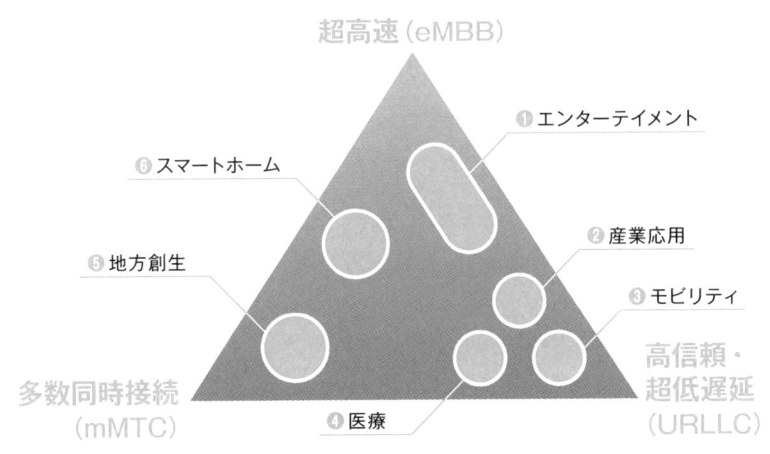

出典：「ITU-R IMTビジョン勧告(M.2083)(2015年9月)」を基に作成

Point

- モノ・人が5Gを通してつながるIoT時代では、携帯電話事業者は通信サービスから、さまざまな領域へとビジネスを拡大している
- 1社だけですべてのビジネスを展開するのではなく、さまざまな企業と連携して新しいビジネスを創出していく時代となった

エンターテイメントの5Gがもたらす豊かな暮らし

2時間の映画が3秒でダウンロード

5Gでは最大通信速度が20Gbpsになりました。4Gや一般的な家庭用光回線の最大通信速度が1Gbpsですので、20倍近い通信速度となります。

これは、4Gや光回線では2時間の映画コンテンツをダウンロードするのに数十秒程度掛かっていたのが、5Gでは3秒程度になる速さです（**1-3**参照）。

この特性を活かして、エンターテイメントの領域ではサッカーや野球、ラグビー、バスケットといったスポーツ中継を視聴する際には、超高精細の画像で見たい視点で観戦することができる**自由視点映像**が可能になります。そして、超高精細のVRにより、まるで自分がスタジアムにいるかのような**リアルタイムな臨場感を味わうこと**もできるようになります。

自由視点映像でリアルタイムな体験を実現

自由視点映像は、複数のカメラで多方面から撮影した高精細な映像から3D空間データを構築し、その3D空間で仮想カメラを自在に動かすことで、任意の位置、角度から見た自由視点映像を生成します。

リアルタイムに自由視点映像を実現するためには、超高精細な映像を高信頼・超低遅延で自由視点映像生成サーバーに送信することが求められます。有線ケーブルでカメラをつなげてネットワークを構築することもできますが、バスケットコートでも縦28m、横15m、サッカーのフィールドでは縦110m、横75mにもなります（図7-3）。

5Gで複数のカメラを接続してネットワークを構築すれば、比較的簡単に自由視点映像システムを構築することが可能になります。また、**4-8**で解説したエッジコンピューティングと組み合わせることによって、図7-4に示すように、自宅にいながらでもリアルタイムな臨場感を体験することができるようになります。

図7-3 自由視点映像の概要

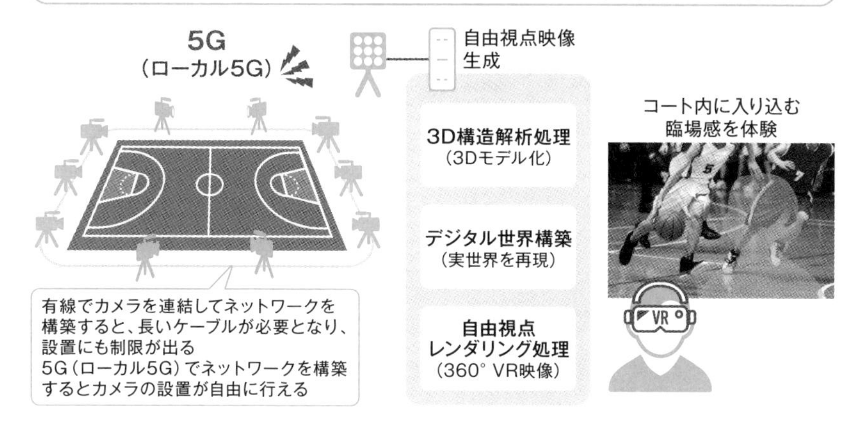

図7-4 エッジコンピューティングとあわせてリアルタイムな体験を実現

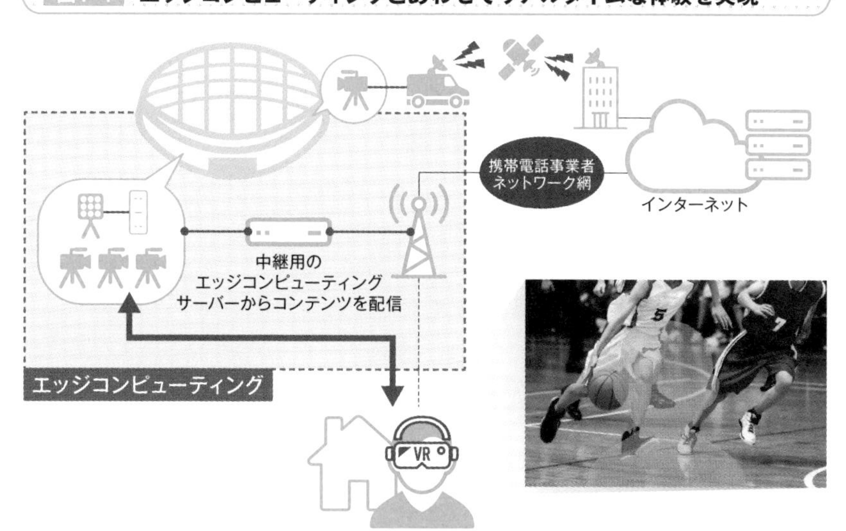

Point

- エンターテイメントの領域では5Gの超高速の特徴を活かして、高精細なコンテンツを使ったリアルタイムな体験を実現する
- エッジコンピューティングで中継をすることで5Gの超高速の性能が活かせるようになる

産業応用の5Gで訪れるインダストリー4.0

産業変革の立役者

ドイツのヘニング・カガーマン氏が提唱したインダストリー4.0という言葉はご存じの方も多いと思います。インダストリー4.0は、IoTシステムから収集したデータをAIが解析して、経験や勘ではなく、定量的な分析で機械や機器を制御する、あるいは機械や機器が自律的に動くことで産業を変革する取り組みです（図7-5）。

5Gは、高信頼・超低遅延、多数同時接続の特性を活かして、さまざまな機械や機器をつなげて制御する高度な生産管理システムのネットワーク基盤としての役割を果たすことが期待されています。

IoT/IoHとIoA

あらゆるモノがインターネットにつながるIoT（Internet of Things）に加えて、拍数や体重などの人の情報がインターネットを介してさまざまなサービスとつながるIoH（Internet of Human）があります。

IoTとIoHをあわせることで、モノや人が持つ多種多様な能力がネットワークを介して結ばれて、人間の能力を拡張する、東京大学教授の暦本純一氏が掲げるIoA（Internet of Ability）が提唱されています（図7-6）。

人間の能力を拡張というと、SF映画の話のように聞こえますが、建設現場や工場などで危険を伴う作業をロボットと人がつながって遠隔地から操作して作業を行うことや、空港従業員や運送業者が重い荷物を持ち運ぶ際に体への負担を軽減するパワードスーツなどが既に実用化されています。

建機やロボットの遠隔操作には通信タイムラグが小さいことが必須です。これまでの4GやWi-Fiでは実現困難だった無線での遠隔操作が、5Gの導入で実現できるようになります。

人が入り込めないような危険な場所や工場、建設現場で遠隔操縦の建機やロボットが動かせるようになれば、**産業は大きく変革する**ことでしょう。

図7-5　これまでの産業変革とインダストリー4.0

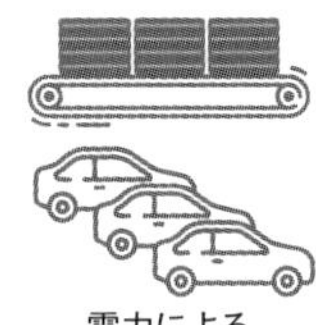
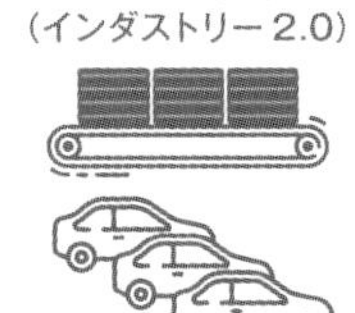

図7-6　人間の能力を拡張するIoA

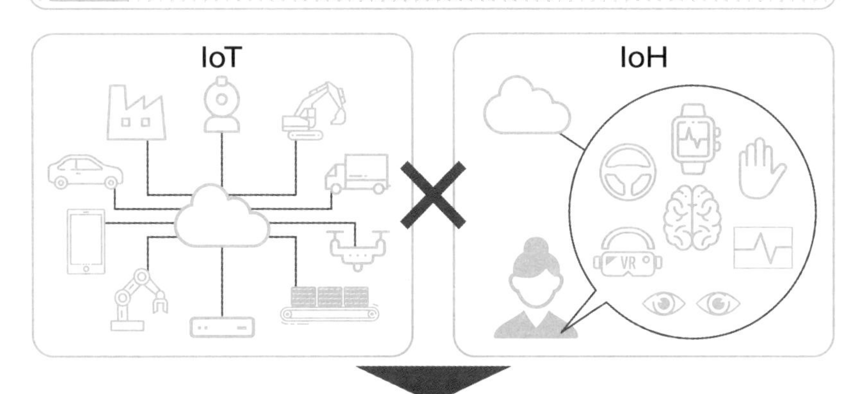

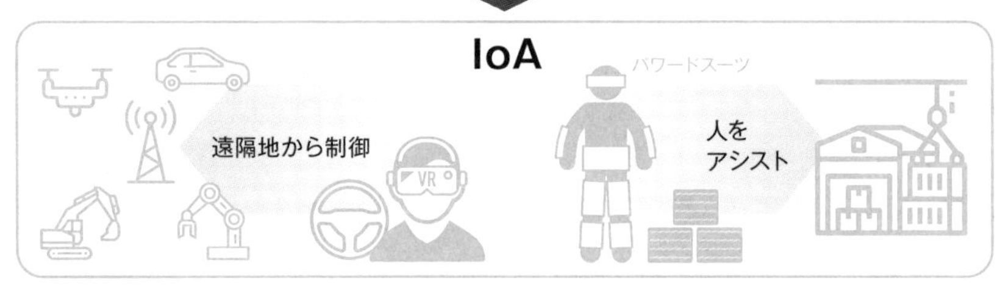

Point

- 生産ラインなどでは、機械や機器の情報をAIが解析して、システムが自動で高度な生産管理を行うようになる
- 一方、モノの情報（IoT）と人の情報（IoH）を融合させて、人間の能力を拡張するIoAで危険な作業は遠隔でできるようになる

モビリティの5Gが実現する安全・安心・快適な移動

CASEとMaaSで大きく変わる自動車産業

自動車産業は、2016年にドイツのダイムラー社が提唱したCASE[Connected（コネクテッド・つながる）／Autonomous（自動運転）／Shared（共有・シェアリング）／Electric（電動化）]で示されるように、電動化、情報化、知能化ならびにカーシェア、ライドシェアに向かって進化しています。

自動車がCASEに向かって進化していくと、自動車を起点にした移動に関するさまざまな新しいサービスが創出されます。これは**MaaS**（Mobility as a Service）と呼ばれ、今後自動車産業は自動車の製造・販売・保守からMaaSに重点が移っていくといわれています（図7-7）。

トラックの自動運転、隊列走行で物流の同労環境を改善

事例として物流を見てみると、日本の物流業界は、労働力不足やドライバーの高齢化といった課題を抱えています。この課題を解決するための技術がトラックの自動運転です。その実現には、5Gの超高速、高信頼・超低遅延の特徴の活用が欠かせません。

有人運転のトラックの後に無人のトラックが連なって動く**隊列走行**も課題解決の手段として注目されています。ソフトバンクは、5Gを活用した隊列走行の実証実験を2017年12月から実施しています。隊列走行中の車両間で通信するV2V（**6-7**参照）通信と運行管理センター間で通信するV2N（**6-7**参照）通信で5Gの特徴が発揮され、車間距離を状況に応じてセンチ単位で最適制御し、安全な運用を実現する技術の確立を目指しています（図7-8）。

さらに隊列走行することで、先頭車以降の風圧が軽減するため、燃料の削減効果も期待できます。車間距離が4mでは15％、2mでは25％燃費が改善するそうです。

高速道路を編隊運転するトラックを目にする日が、遠からずやってくるという期待が膨らみます。

図7-7 **自動車の進化により変わる自動車産業の主役（MaaS）**

従来の自動車産業

CASE

自動車の進化により
ビジネスの主役が変わる

今後の自動車産業

MaaS

移動

物流

飲食

給電・給油

パーキング

移動に関連したさまざまなサービス

図7-8 **トラックの隊列走行**

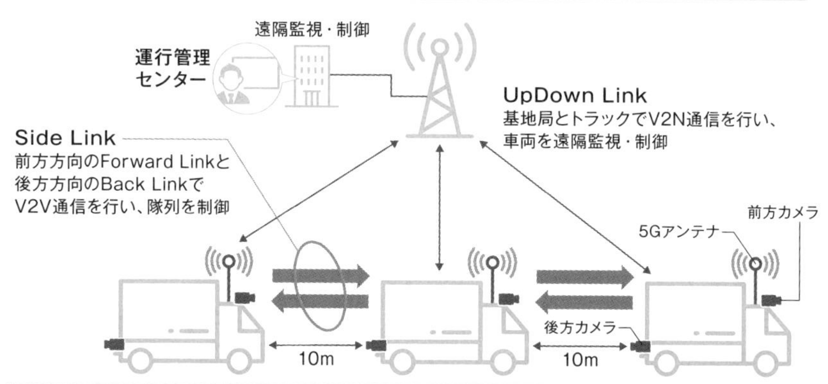

種類	データの内容	用途
車両制御情報	位置情報、加減速情報、制動情報、操舵情報	後方車両の制動制御、および緊急時の緊急停止
車両周辺映像	前方／後方カメラのリアルタイム映像	ドライバーがいる先頭車両へ映像を送信して後続車両の周囲を監視

Point

- 自動車産業は、自動車の製造・販売・保守ビジネスからMaaSに変わろうとしている
- 隊列走行では電波の不感地帯をカバーするV2V通信が重要となる

医療の5Gが支える健やかな社会

遠隔地から高度な医療を提供

医療の分野は、医師不足や医師・病院の偏在が大きな課題となっており、過疎地域と大都市の間の医療環境の格差がどんどん拡大しています。そうした中で、医療環境の地域格差をなくすための方策として、5Gの通信技術を活用して、遠隔で医療や介護を行う**遠隔医療**が期待されています。

遠隔医療の2つのタイプ

遠隔医療は、大きく**次の2つのタイプ**に分けられます（図7-9）。

- **DtoD**（Doctor to Doctor）
  医療従事者間（主に主治医から専門医）で行われ、主治医がCTやMRIなどの情報を専門医に送信して、専門知識や経験を基に、高度で専門的な診断の委託や治療方針のコンサルテーションなどが行われます。
- **DtoP**（Doctor to Patients）
  主治医から遠患者に対して医療を提供する遠隔医療で、昨今では新型コロナウイルス感染症の拡大で急速に広まりを見せているオンライン診察などです。

5Gでは、高精細な映像を超高速で送ることができ、高信頼・超低遅延でタイムラグが小さいという特徴を活かして、遠隔地から主治医が患者の心身の状態を判断して患者の療養を支援することができるようになります。

また、過疎化地域からでも医療画像を特定の分野に強い病院などに送信して患者と専門医を5Gで結び、場所を問わず遠隔地から高度医療が受けられるようになることが期待されています。

DtoDとDtoPの両方をあわせてDtoDtoPができるようになると、患者の搬送中でも医師の指示を受けて処置ができるようになり、多くの人命が救われるようになると期待されています（図7-10）。

図7-9 DtoDとDtoP

図7-10 DtoDtoPと緊急医療

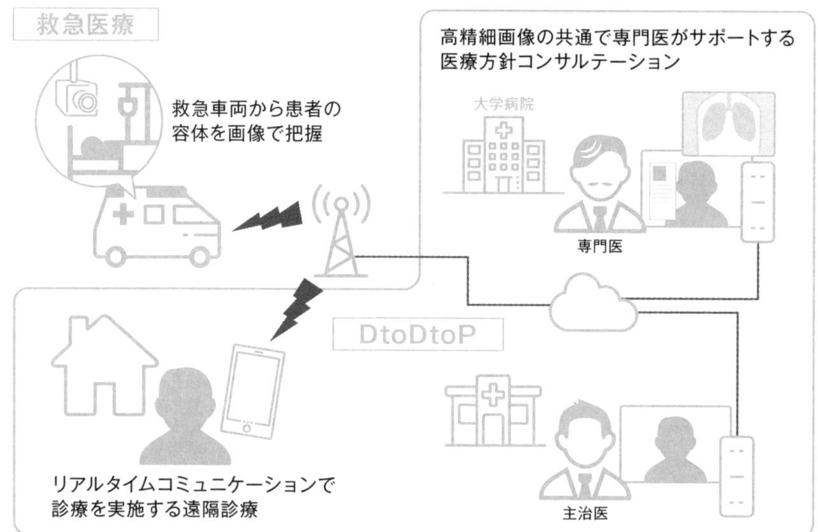

Point

- 外来を持たない専門医を集めた遠隔診療専門サービスといった新しい医療サービスが創出される

地方創生の5Gが開く新たな社会

地方創生の旗頭

内閣府が掲げる科学技術政策のひとつにSociety 5.0があります（図7-11）。Society 5.0で実現する社会とは、IoTですべてのモノと人がつながり、さまざまな知識や情報が共有され、今までにない新たな価値を生み出すことで、さまざまな課題や困難を克服し、世代を超えて互いに尊重し合い、ひとりひとりが快適で活躍できる社会とあります（図7-12）。

5GはSociety 5.0を支える通信基盤として注目されています。特に地方での医療、農業、教育、自然災害といった**課題を解決するキーテクノロジーとして5Gを活用することが地方創生を推進していくうえで重要になってきます。**

Society 5.0が実現された姿、スマートシティ

5Gでは1km^{2}当たり、理論上100万個のデバイスが接続可能となります。現在は多くの方が1人1台以上の携帯電話を使っていると思いますが、今後は時計やメガネ、イヤホンなど身の回りのモノすべてが5Gに接続して、Myネットワークを構築できるようになります。

また、信号機や防犯カメラ、デジタルサイネージといった街中のデバイスが5Gを介してインターネットにつながり、街のインフラ情報とMyネットワークとリンクすることで、快適な暮らしができるスマートシティを実現できるようになります。

スマートシティは、企業や自治体が連携して最先端のテクノロジーを街全体で活用することで仕事の効率化や防犯機能の向上、生活の利便性の向上を目指すもので、日本よりも海外のほうが先行しています。日本でも5Gのサービス開始で今後広がっていくと思われます。

図7-11 **Society 5.0とは?**

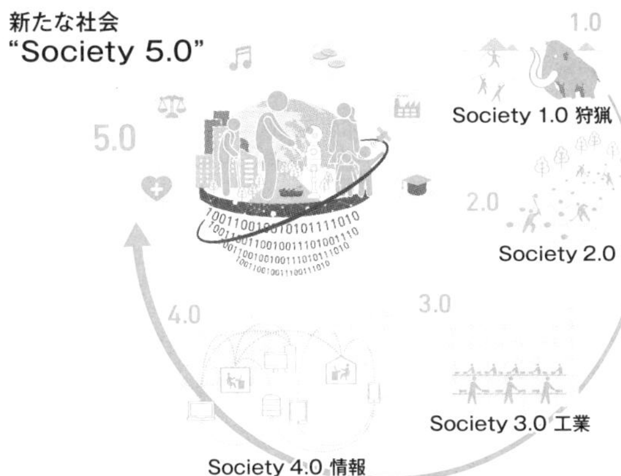

Society 1.0：狩猟社会
Society 2.0：農耕社会
Society 3.0：工業社会
Society 4.0：情報社会
Society 5.0：新たな社会

「新たな社会」とは、
サイバー空間とフィジカル空間を
融合させたシステムにより、
経済発展と社会的課題の
解決を両立する、人間中心の社会

出典：内閣府「Society 5.0」より抜粋（URL https://www8.cao.go.jp/cstp/society5_0/）

図7-12 **Society 5.0で実現する社会**

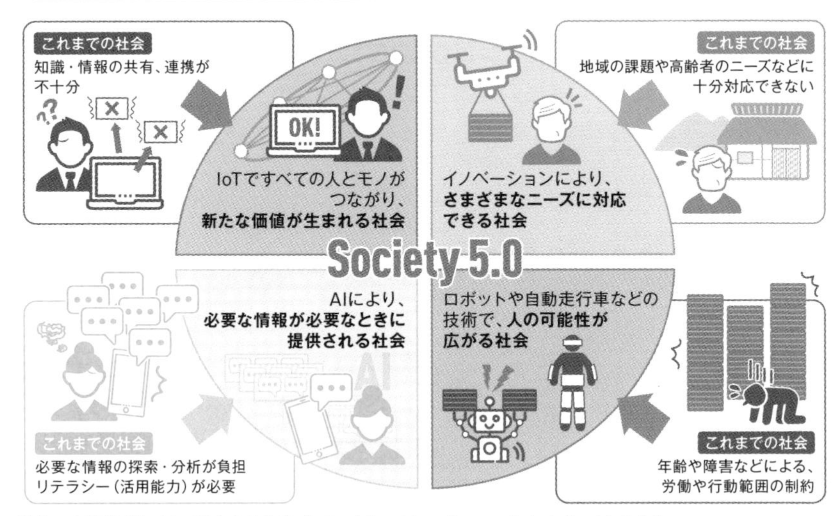

出典：内閣府「Society 5.0」より抜粋（URL https://www8.cao.go.jp/cstp/society5_0/）

Point

5Gの特徴を活かして、医療、農業、教育、自然災害などの分野でサービスを創出することが地方の活性化を図るうえで重要となる

スマートホームの5Gで作るエコで快適なライフ

5Gで構築するスマートグリッドのネットワーク

スマートシティで考慮すべき重要な点としては、**電力利用の効率化**が挙げられます。電力は大量に蓄積しておくことができないため、現状では、電力会社は電力の需要を予測しながら最適な発電量を維持しています。

電力の効率化を行うための技術が**スマートグリッド**（次世代送電網）ですが、スマートグリッドで構築される送電網は、家庭や企業など電力を消費する側の情報もやりとりします。

スマートグリッドになぜ5Gが重要とされるかというと、各家庭や企業の電力消費量を把握するには、膨大な数のメータ（スマートメータ）から情報を収集する必要があるからです。

従来のネットワークだと一度に接続できるデバイス数も限られていました。しかし、5Gの多接続の特性を活かすことで多数のスマートメータをネットワークに接続して電力消費量を把握できるようになります（図7-13）。

スマートホームの普及

建物の中の電力使用を効率化するには、センシングデバイスを使って室内の環境を把握する必要がありますが、一般家庭で使うテレビやエアコン、冷蔵庫といった電気製品もセンシングデバイスになります。

家庭で使う電気製品から、室温、湿度、照度といった室内環境の情報やテレビや電気をつける時間など、さまざまな情報が得られます。この情報から電気製品を適切に制御して電力を節約するシステムが**HEMS**（Home Energy Management System）です。そして、HEMSで電力を最適化した家が**スマートホーム**です（図7-14）。

各家庭ではHEMSで電力を制御し、街全体ではスマートグリッドなどの公共インフラで電力を制御して**エネルギー効率を高めることができる**ようになります。

図7-13 **5Gでつなぐスマートグリッド**

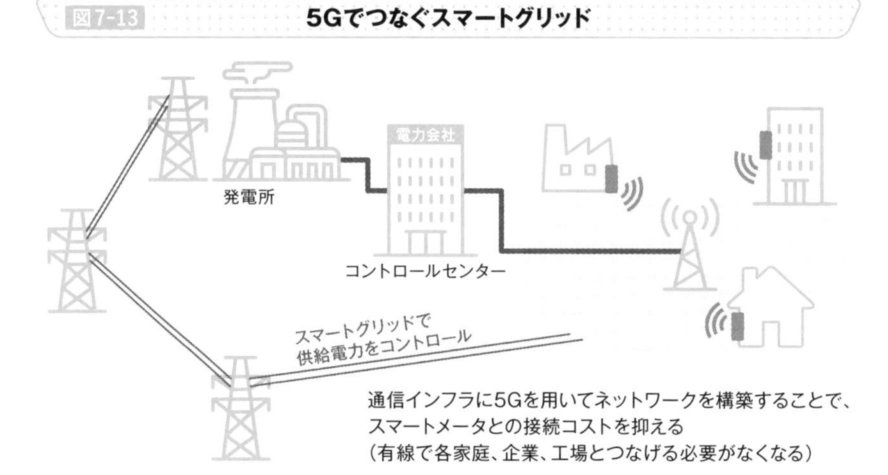

図7-14 **スマートホームのしくみ**

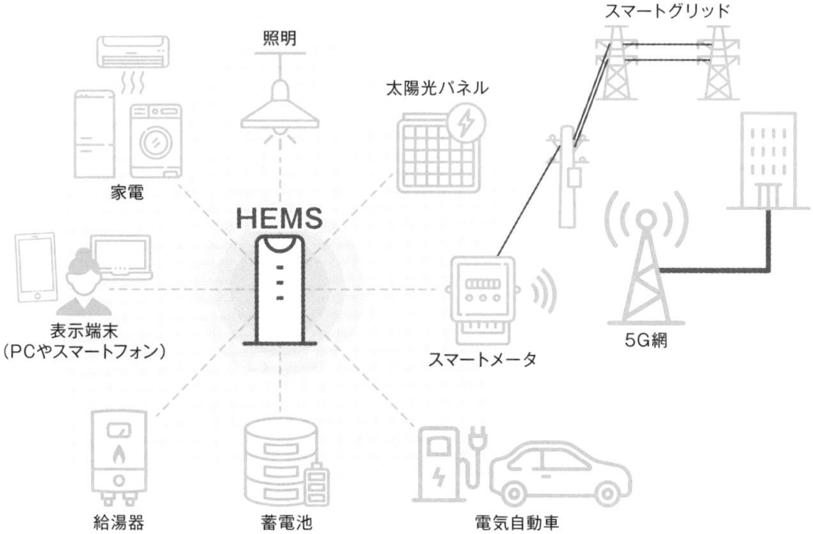

Point

✎HEMSで室内環境を把握し、エネルギーの効率化を行うスマートホームが5Gでスマートグリッドにつながり、都市の電力利用の効率化を行う

5Gが開くIoT時代のセキュリティ

セキュリティ対策の重要性

ここまで6つの領域での事例を紹介してきましたが、さまざまなデバイスがインターネットにつながるIoTが加速すると、心配になるのが**個人情報やプライバシーの問題**です。

5Gでは無線レベルでセキュリティを高める施策を講じており、無線の傍受やデータの改ざんを行うことは困難ですが、5Gにつながる末端の家電やセンシングデバイス、5Gネットワークの中継を行うエッジコンピュータなどにウイルスが感染してしまっては元も子もありません。

したがって、IoT 機器とインターネットの境界上に設置されたセキュアゲートウェイで不正を検出することが重要になってきます。

トラストサービスでなりすましを防止する

インターネット上における人・組織・データなどの正当性を確認し、改ざんや送信元のなりすましなどを防止するしくみとして、**トラストサービス**があります（図7-15）。EUでは、2014年にEU域内で流通するデータを一定の信頼レベルに保つことを実現するeIDAS（Electronic Identification and Trust Services Regulation）規則として2016年7月より施行されています（図7-16）。しかし、日本ではデータの信頼を確認できる手段が統一されていない状態でさまざまなデジタルサービスが展開されています。

特にIoT機器については、さまざまな形態・種類があることから、モノの正当性を保証するしくみが検討されており、機器の製造からソフトウェアの更新、廃棄までの一連のライフサイクルにおいて安全を確認できることが重要となります。

5Gが広まり、家電やIoT機器など暮らしに溶け込む存在のモノがインターネットにつながるようになると、**家電やIoT機器にこそサイバーセキュリティ対策を講じることが重要になってくる**でしょう。

図7-15　トラストサービスのイメージ

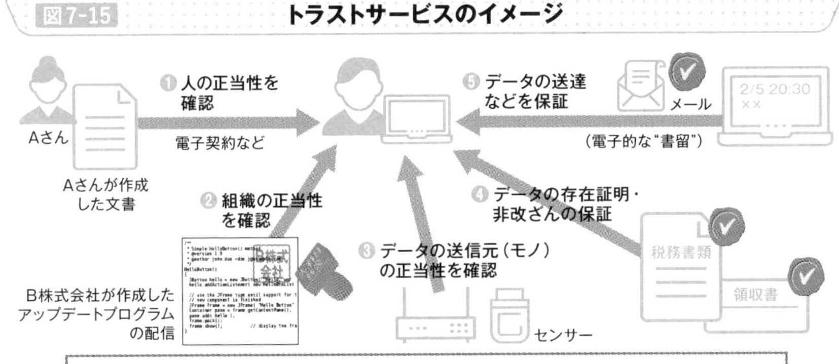

① 人の正当性を確認できるしくみ（利用者認証、リモート署名）
② 組織の正当性を確認できるしくみ（組織を対象とする認証、ウェブサイト認証）
③ IoT機器などのモノの正当性を確認できるしくみ
④ データの存在証明・非改ざんの保証のしくみ（タイムスタンプ）
⑤ データの送達などを保証するしくみ（eデリバリー）

出典：総務省『令和元年版 情報通信白書』より抜粋
（URL：https://www.soumu.go.jp/johotsusintokei/whitepaper/ja/r01/html/nd245250.html）

図7-16　eIDASにおけるトラストサービスの概要

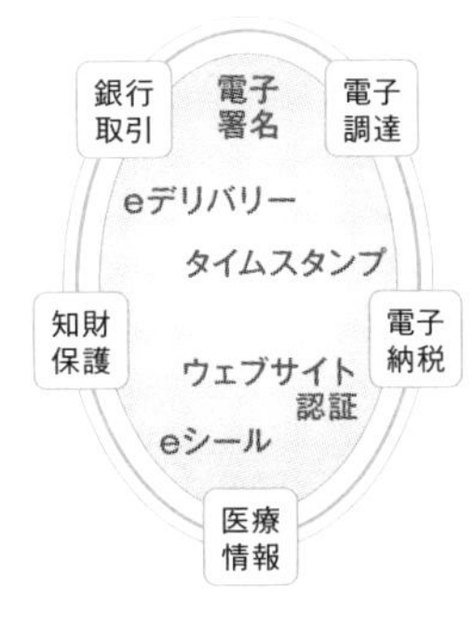

トラストサービス	内　容
電子署名	電子文書の作成者を示す目的で行われる暗号化などの措置であって、電子署名が付されて以降、当該電子文書が改変されていないことを確認可能とするしくみ
タイムスタンプ	電子データがある時刻に存在し、その時刻以降に当該データが改ざんされていないことを証明するしくみ
eシール	電子文書の発信元の組織を示す目的で行われる暗号化などの措置であり、電子署名が付されて以降、当該文書が改ざんされていないことを確認可能とするしくみであって、電子文書の発信元が個人ではなく組織であるもの
ウェブサイト認証	ウェブサイトが正当な企業などにより開設されたものであるかを確認するしくみ
eデリバリー	送信・受信の正当性や送受信されるデータの完全性の確保を実現するしくみ

出典：総務省「プラットフォームサービスに関する研究会（第15回）2019.11」を基に作成
（URL：https://www.soumu.go.jp/main_content/000657391.pdf）

Point

IoT時代になると、パソコンや携帯電話だけではなく、身の回りの家電にもサイバーセキュリティ対策が必要となる

やってみよう

5Gを使った新たなサービスやビジネスについて考える

第7章では、5Gの超高速（eMBB）、高信頼・超低遅延（URLLC）、多数同時接続（mMTC）の3つの特性を活かして企業や省庁が取り組んでいる新たなサービスやビジネスの事例を紹介してきました。

事例として挙げた取り組みは、さまざまな企業が絡む大規模なプロジェクトですが、5Gスマートフォンと皆さんの身の回りにあるIoT機器を使って、実現できることがないかを下のアイデア検討シートを使って考えてみましょう。

次の表の「超高速」「高信頼・超低遅延」「多接続」に○をつけ、次に○のついた5Gの要素により、4G通信やWi-Fiでは実現できなかったことが可能になるサービスやビジネスを挙げてみましょう。

サービス、ビジネスのアイデア検討シート

	超高速	高信頼・超低遅延	多接続	サービス・ビジネスのアイデア
例）	○	○	ー	VRとドローンを使った疑似飛行体験

筆者が考えたサービスは次の通りです。

- 超高速、高信頼・超低遅延の要素で、VRとドローンを使った疑似飛行体験
- 高信頼・超低遅延、多接続で、イベント会場で観客が出演者と一緒にダンスをする観客参加型イベント

超高速からは「高精細大容量の動画像」、高信頼・超低遅延からは「遠隔」、多数同時接続からは「イベント会場」などのキーワードが思い浮かぶと思います。これらのキーワードを起点にアイデアを考えてみてください。

第8章

ローカル5Gと5Gの発展の先にあるもの

～守備範囲を広げる5G～

私の街の5G、私たちの5G

みんなのための公共インフラ

図8-1は、整備された公共交通インフラとしてのバス路線になぞらえた5G社会を示しています。携帯電話は、「いつでも、どこでも、誰とでも（そしてどんなものとも）」を標語に、全国規模で誰もが高度な通信サービスを利用できるように携帯電話会社によって整備・運営されています。

携帯電話は社会生活のあらゆる場面で使われ、利用分野は多様化しています。このため、携帯電話会社は一定の規模の利用分野ごとに通信サービスのメニュー（路線と停留所）をきめ細かく設定・設置しています。

利用者は、自分の利用目的に適したメニュー（バスの路線と停留所）を選んで5G（バス）を利用します。5Gはプロの携帯電話会社が、バスはプロの運転手の運転で、安全・確実に目的を達成することができます。

自分用の5G

5Gでは、用途に合わせて機能の組合せなどを柔軟に設定可能です。自動車にたとえれば、エンジンや運転操作の基本は共通にしたまま、車種を小回りの利くさまざまな用途の小型車にして利用することに相当します。

5Gの特徴を活用して地域課題解決や会社、団体組織の実情に合わせた利用を可能とするために、地域（地方公共団体）や会社、団体組織などが自分用の5Gを設置・利用する**ローカル5G**と呼ぶ制度が整備されました。

ローカル5Gは、たとえるならばタクシーや自社用・自家用車に相当します。自動車と運転手が必要になりますが、自由に目的地に直接向かうことが可能です。タクシーのように、一定の要件を満たせば料金を受け取って第三者に通信サービスを提供することも可能です（図8-2）。

いずれの場合も無線システムとしての5Gを設置するための要件が設定されており、運用上の責務も課されます。ローカル5Gは、**全国規模の携帯電話システムと補完、あるいは棲み分けをしながら「かゆいところに手の届く私たちの5G」として発展・利用されていくもの**と期待されます。

図8-1　整備された公共交通機関としての5G

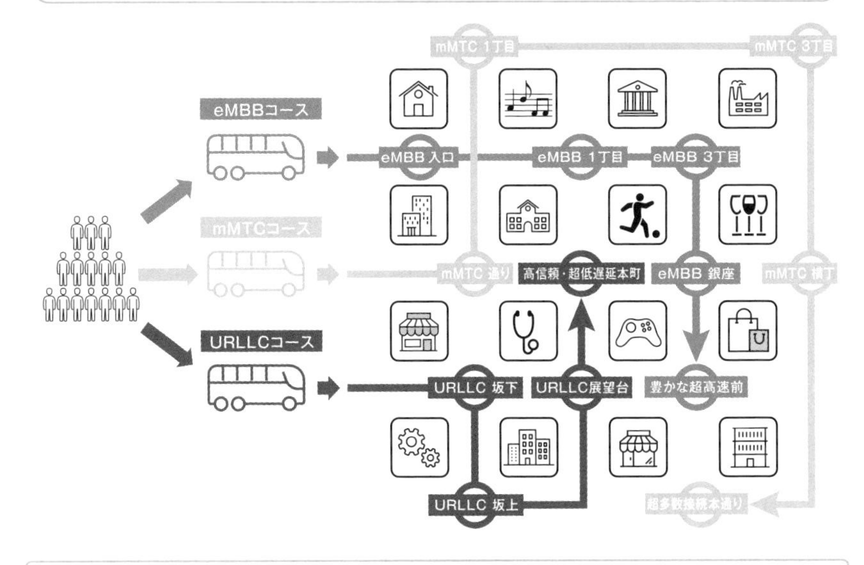

図8-2　自家用・自社用・専属の5G

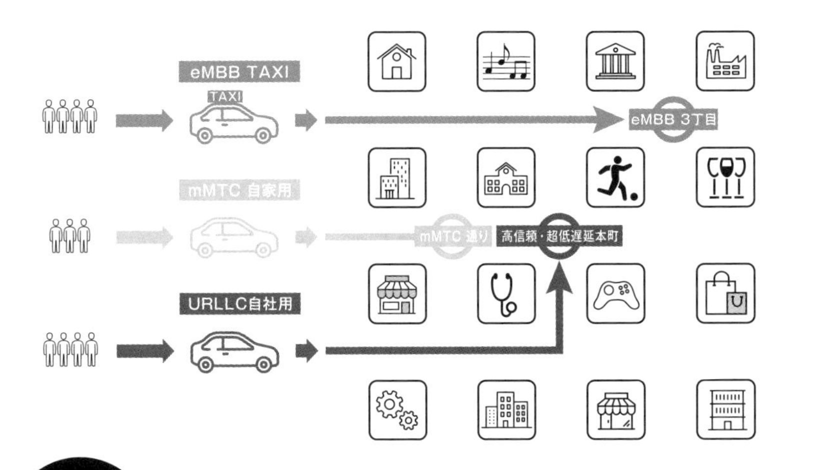

Point

- ローカル5Gは、自ら設置・利用する「わが街、わが組織」の5G
- 地域の課題解決や会社の業務に即した設置・運用が可能
- 全国規模の携帯電話システムと補完、または棲み分けながら発展・利用されていくことが期待される

ローカル5Gが始まった

ローカル5Gの導入事例

ローカル5Gの通信技術は、全国で携帯電話事業者が展開する**5Gと基本的に同一**です。設置や運用を行う主体は地域の自治体や企業、団体などさまざまで、ローカル5Gを導入する動機も様態も**地域課題の解決**や企業の**生産性向上**、**ビジネス業務の改革**など多岐にわたると考えられますが、導入事例は第7章で紹介したものも重なります。

ローカル5G用の無線局免許を取得して運用する制度が2020年度から始動しています。図8-3は、ローカル5Gに代表される新しい情報通信技術を活用して地域課題解決の手法として導入することを想定した開発実証（2020年度実施）募集の際に示された導入事例です。建機の遠隔制御やスマートファクトリー、農場の自動管理や河川などの監視が挙げられています。

このような開発実証を通して、将来の有効利用に向けた実績作りが積み重ねられて、適切な設置や運用の知見が蓄積していくと期待されます。

ローカル5Gの始動

ローカル5Gは、**無線局免許を取得して設置・運用する必要があります**。無線局免許審査のための法律的な制度整備は2019年の12月に完了して無線局免許の申請受付けが始まりました。2020年の3月末に無線局免許の交付が始まり、ローカル5G無線局の運用が始まっています（図8-4）。

導入当初は、28GHz帯※1というミリ波の電波を利用します。公衆通信用の5Gでは**4-7**で解説した「4Gと5Gの2階建て」セル構成（NSA）から利用が始まっているため、共通の機器を利用して経済的にローカル5Gを展開していくために同様の構成がローカル5Gでも利用されます。

その際に利用する4Gの基地局には2.5GHz帯の電波が使われます。28GHz帯の10分の1以下の周波数帯で、より広いエリアをカバーしてローカル5Gに必要なCプレーン信号を安定して伝送することが可能です。

※1　28GHzは1秒間に280億回振動する周波数の電波です。

図8-3 地域課題解決型ローカル5Gなどの実現に向けた開発実証

ローカル5Gなどについて、5Gの「超高速」、「高信頼・超低遅延」、「多数同時接続」といった特徴と、都市部、ルーラル、屋内などの試験環境の異なる地域や、複数の周波数を組み合わせ、さまざまな利活用シーンで地域のニーズを踏まえた開発実証を実施

〈具体的な利用シーンで開発実証を実施〉

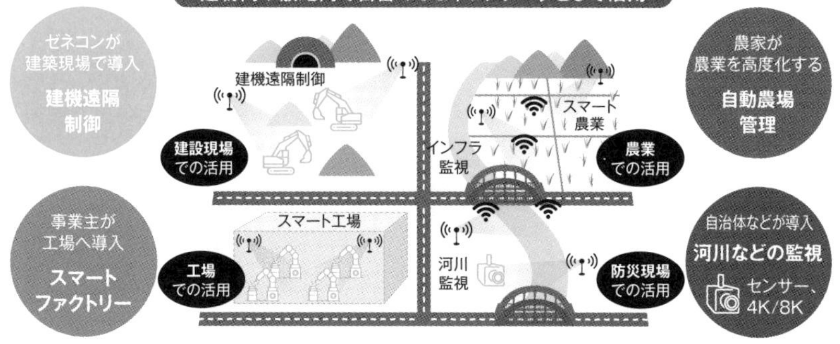

出典：総務省「令和2年度『地域課題解決型ローカル5G等の実現に向けた開発実証』に係る提案募集

図8-4 ローカル5Gシステムのアンテナと基地局

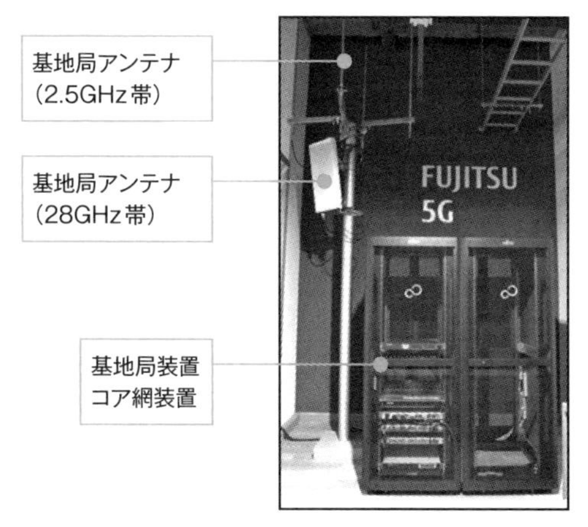

出典：「国内初、商用のローカル5Gを運用開始」（富士通報道発表、2020年3月27日）
（URL：https://pr.fujitsu.com/jp/news/2020/03/27.html）

Point

- ローカル5Gの通信技術は全国で携帯電話事業者が展開する5Gと共通
- 地域課題解決型ローカル5Gなどの開発実証が進められている
- 無線局免許の取得が必要。ネットワーク構成はNSAから始まる

ローカル5Gを始めるには？

ローカル5Gのネットワーク構成と無線局免許

ローカル5Gは、前節で述べたように「4Gと5Gの2階建て」セル構成(NSA)から利用が始まっています（図8-5）。公衆通信用5Gと共通の機器を利用して経済的に運用を始める近道です。

NSA構成の場合、5G基地局用と4G基地局用に2種類の**無線局免許**を取得する必要があります。また、対向する携帯電話機もNSA構成に対応した機器が必要です。

設置の要件と電波の干渉調整

ローカル5Gの無線局は、自分の所有（または借用）している建物内、あるいは敷地内に構築して運用する「**自己土地利用**」が基本です。ただし、電波は建物の壁を透過したり、敷地の境界を越えたりして伝搬していくため、近隣で同一の周波数を利用している他のシステムがあると混信を引き起こします。

さらに、NSA構成で利用する2.5GHz帯は、広帯域移動無線アクセスシステム（以下BWA）で利用されているため、28GHz帯の近隣の利用システムとあわせて、妨害を与えないように無線局を開設する前に関係者と**電波の干渉調整**を行う必要があります。具体的な電波の干渉状態は、無線局の設置状態や無線局の間の距離、途中の建築物の有無などによって変わるため、実際の干渉調整にあたっては事前にそれぞれの無線局の電波の到達範囲を見積もるなどしたうえで、干渉量が多い場合には**送受信アンテナの指向性（電波の飛ぶ方向や角度）を調整したり、送信電力を低減したりするなどの対策を行う**必要があります（図8-6）。

なお、ローカル5Gの無線局免許申請の具体的な手順については、「ローカル5G免許申請支援マニュアル（1.2版）」（第5世代モバイル推進フォーラム 地域利用推進委員会、https://5gmf.jp/wp/wp-content/uploads/2020/03/local-5g-manual/1-2_2.pdf）などを参考にしてください。

図8-5 「4Gと5Gの2階建て」セル構成（NSA）

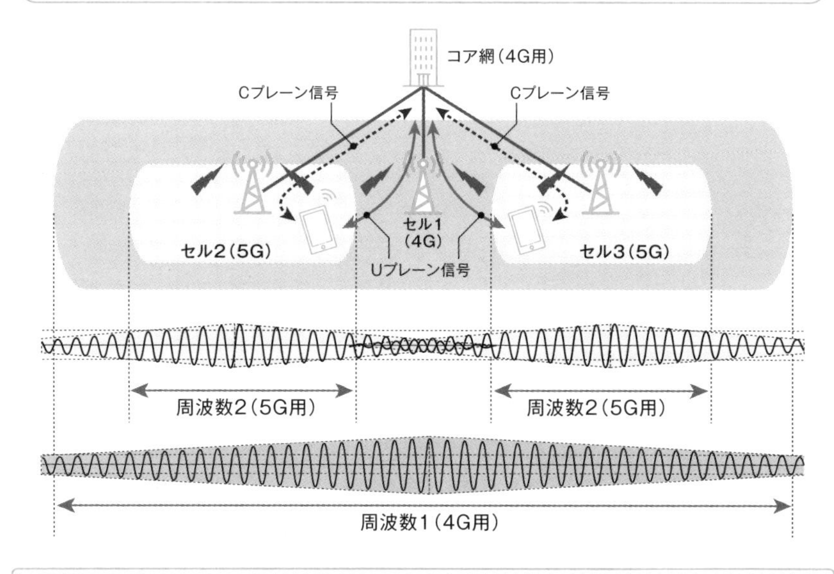

図8-6 近隣の無線局との事前の電波の干渉調整

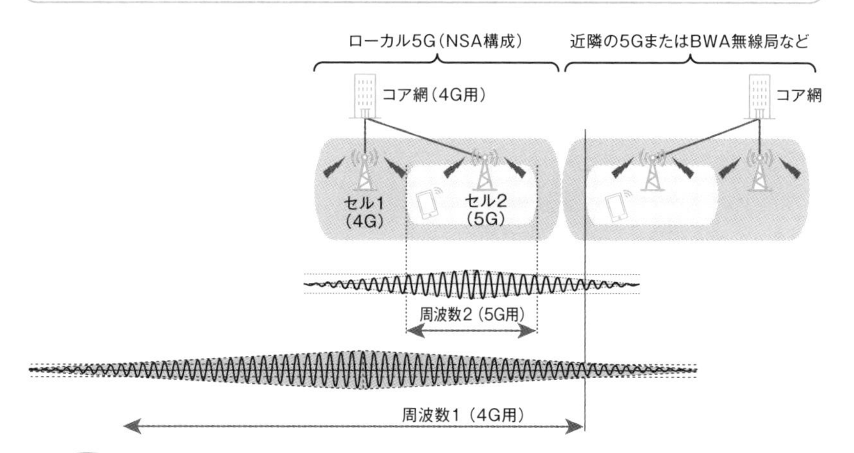

Point

- NSA構成では、2種類の無線局免許の取得が必要
- ローカル5Gは、自己の建物内または敷地内で利用することが基本
- 無線局開設にあたっては、近隣の無線局と電波が混信しないように事前の干渉調整が必要

≫ ローカル5Gの広がりと協創

ローカル5Gの広がり

ローカル5Gは、公衆通信用5Gと共通の機器を利用して効率的にスタートしました。公衆通信用5Gは今後NSA（「4Gと5Gの2階建て」セル）構成からSA（「5G独り立ち型」セル）構成に移っていくことが想定されます（図8-7）。

ローカル5G用の電波の周波数帯はミリ波帯から始まりましたが、2020年9月の時点で、ミリ波の電波の周波数帯をさらに拡張したり、あるいは新しい周波数帯として4.7GHz帯※2に割り当てたりする検討が進められています。低い周波数帯の電波は遠くまで伝搬する性質に優れていることから、新しい周波数帯を利用することで、例えば運動競技場などの広い敷地内で効率的にローカル5Gを設置・運用することが可能になります。

地域課題、社会課題の解決から豊かな社会を支える基盤へ

図8-8は、**8-1**で解説した公衆通信用5G携帯電話網（公共交通網）とローカル5G（自社用・自家用車）による5Gの社会の2つの図をあわせたものです。ただし、2つの5G網が融和・補完しながら5Gの社会の外周をさらに広げるイメージを示しています。

ローカル5Gも公衆通信用5Gも、今後、さまざまな実証や市場での利用を通して実績を積み上げて、地域の課題や社会の課題の解決にも重要な役割を果たしていくことになると期待されています。

今後は、課題対処型の使い方に加えて、変貌する社会情勢に合わせて豊かで実りある社会の営みを支えていくことが5Gの重要な役割と考えられます。全国に張り巡らされた通信網で高品質の通信サービスを経済的に提供する公衆通信用5Gと、地域や利用分野の状況に合わせて利用するローカル5Gを情報の動脈と毛細血管のように組み合わせて、**上手に利用していくことが大切**です。

※2　4.7HGzは、1秒間に47億回振動する周波数の電波です。

図8-7 「4Gと5Gの2階建て」(NSA)から「5G独り立ち型」(SA)のセル構成へ

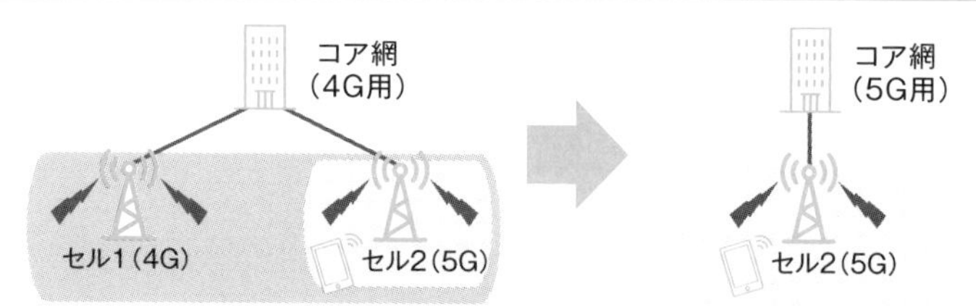

図8-8 公共用交通網と自家用車による社会の協創

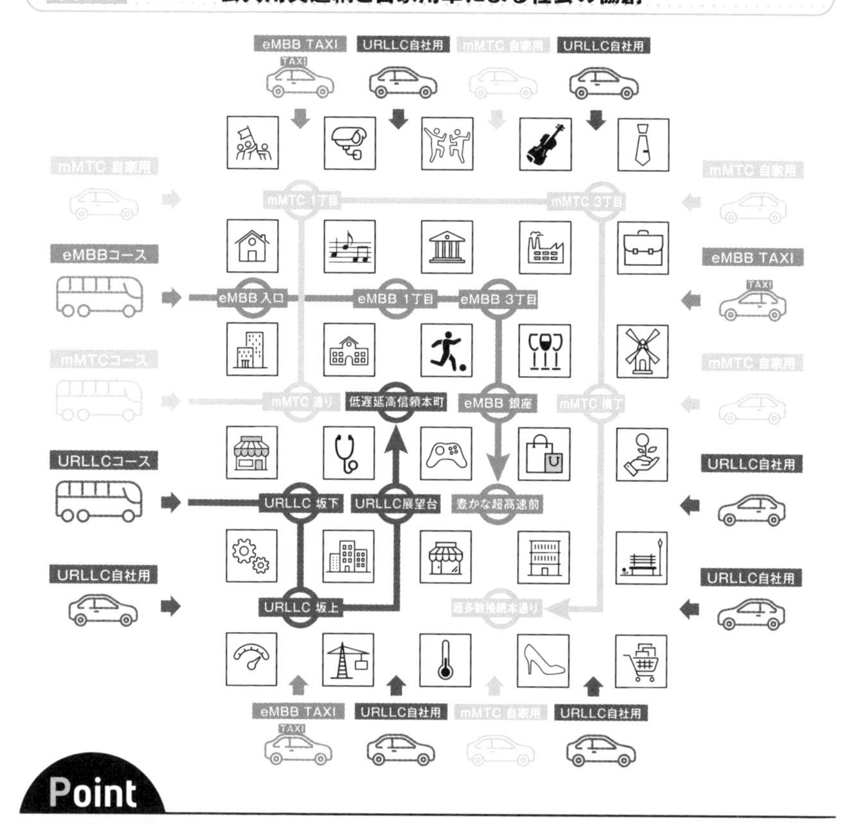

Point

- ローカル5GもNSA構成からSA構成へと移行していく
- 新しい周波数帯の電波の利用も可能となる
- 公衆通信用5Gとローカル5Gを組み合わせて、社会全体で上手に利用していくことが重要

5Gのこれから

継続する5Gの発展

ここでは、今も継続的に進行している公衆通信用5Gとローカル5Gを含めた5G技術の発展について解説します。

5Gは社会の通信基盤（インフラ）として24時間、365日を通して利用されることから、技術の発展や通信システムの高度化は**サービスの提供が途切れることなく連続的、段階的に進められること**が重要です。

例えば、公衆通信用5Gやローカル5Gのところで解説したNSA構成（4Gと5Gの2階建てセル構成）からSA（5G独立型のセル構成）への移行についても、段階的に円滑な移行が進むように中間段階で4Gと5Gのセルとコア網が並立する構成などが用意されています（図8-9）。

このように、それまでの資産を活用しながら連続的・段階的に新しい技術を導入してシステムの高度化を図るしくみは**マイグレーションシナリオ**と呼ばれ、社会基盤（社会資本）を充実していく際に重要視されています。

さらなる高度化

5Gの国際標準規格を検討する団体では、次の段階に向けた高度化の検討が進んでいます。そのひとつの例は**新しい周波数帯の利活用**の検討です。

図8-10は、図3-3に示した図の周波数帯をさらに高いほうに拡張して再掲した図です。青く塗られた52.6GHzから71GHzの帯域を利用して、より広い（太い）帯域幅を使った高速伝送の可能性の検討が進められています。将来はさらに高い114GHzまでの利用を視野に技術的な可能性を探る議論も行われています。

新しい周波数帯の拡張以外にも、さらなる高速伝送に向けた符号処理や異なる無線通信システム間での協調動作の強化など、さまざまな高度化技術の検討が進められています。今後も5Gはこのような技術を取り入れながら進化し続けることになるでしょう。

図8-9 NSAからSAへの段階的移行

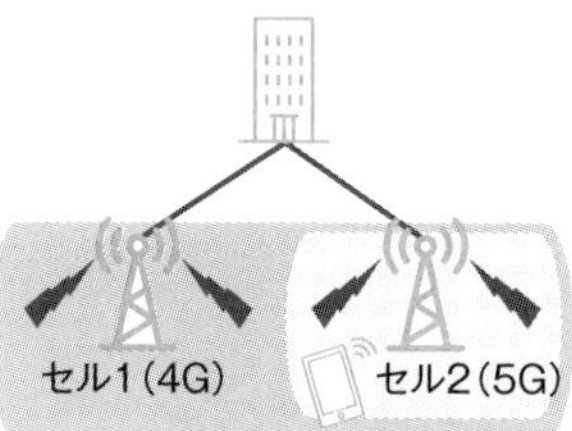
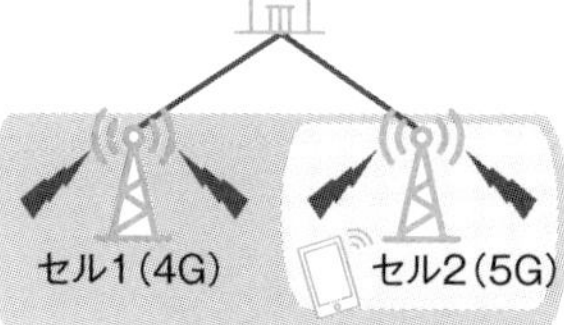

「4Gと5Gの2階建て」
セル構成（NSA）

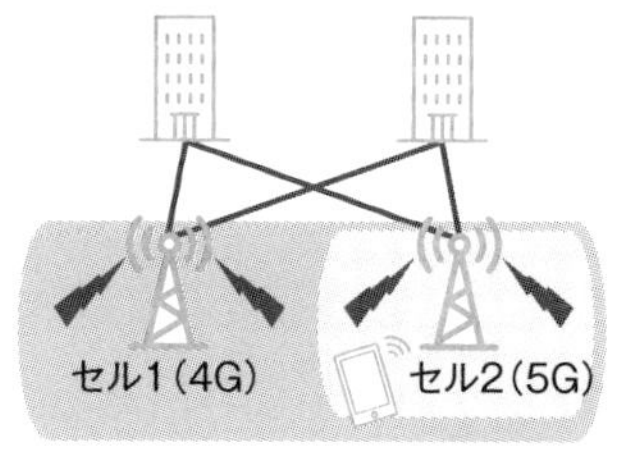

「5Gと4Gの並立」構成

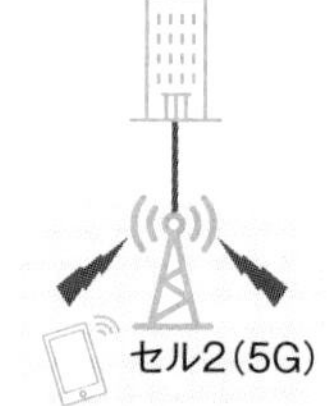

「5G独り立ち型」
セル構成（SA）

図8-10 国際標準規格（携帯電話）の周波数帯（線形目盛り）

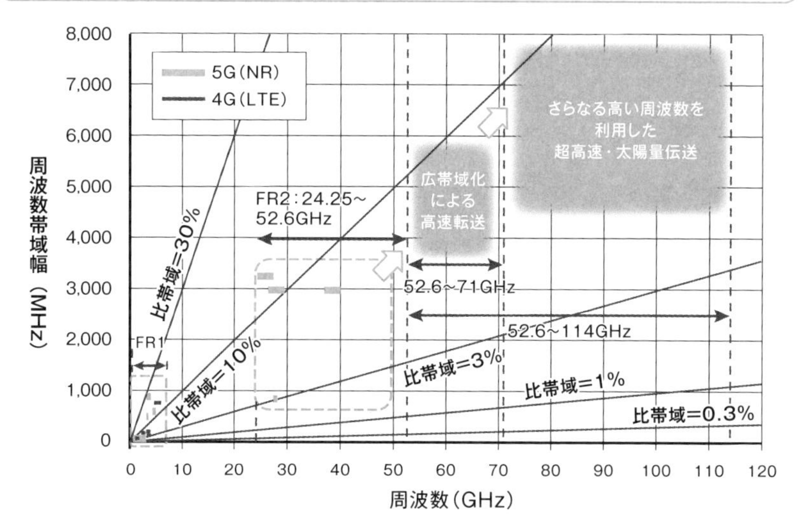

出典：3GPP TS 36.101,「ユーザ装置の無線送受信特性規定（LTE用）」（V.15.4.0）2018-10
3GPP TS 38.101-1,「ユーザ装置の無線送受信特性規定（5G新無線方式用その1、周波数領域1・独立運用型）」（V.15.3.0）2018-10
3GPP TS 38.101-2,「ユーザ装置の無線送受信特性規定（5G新無線方式用その2、周波数領域2・独立運用型）」（V.15.3.0）2018-10
（URL：https://www.3gpp.org/）

Point

- 5Gの発展・高度化に向けた検討や取り組みが継続的に進められている
- 5Gの高度化は、通信サービスの連続性・継続性を保ちながら段階的に進められる
- 5Gの次の段階の高度化に向け、より高い周波数帯の利活用などが検討されている

5Gの先にあるもの

次は6G?

5Gが始まったばかりなのに6Gとはせっかちなと思われそうですが、大がかりな技術の開発には数年という期間が必要なことから、将来を見据えた「5Gの次（Beyond 5G）」の検討は既に始まっています。

ただし検討は進行中なので、ここでは「6代目（6G）はこうなるはず」と予測するのではなく、私たちの先達がどのように「その次」の在り方を探ってきたか見ることで、「その次」について考えてみたいと思います。

絵を描いてみる

図8-11は、今から20年近く前、「3G」が実用化されて「4G」の検討が進められる中で描かれた「Beyond 3G（IMT-2000）」の絵です。今振り返ると、短距離通信による中継伝送の普及など、この通りに実現しなかったものがあったり、逆に想定されていなかったスマートフォンが普及したりなど、想定と違う点もいくつかありますが、音声通話を主題にした電話サービスからデータ通信への移行を視野に入れたシステム全体の考え方が示されています。

図8-12は、「5G」の検討を始めた頃に描かれた絵で、社会課題の解決や豊かな生活に役立つというお題を掲げています。5Gはまさにこれから、これらの場面で活用されて活躍していくことが期待されています。

これらの絵に描いた世界が当たっていたかという検証や反省はとても大事ですが、技術開発という観点で見ると、**このような世界の実現を目指していろいろな工夫を積み重ねていくこと**がとても重要と考えられます。

工夫を重ねていく中で、予想とは違うこともたくさん起こりますが、そのようにして世界中で知恵を絞った結果は、これまでに素晴らしい成果を私たちの社会に提供してきているからです。

図8-11　4Gに向けて描かれた絵

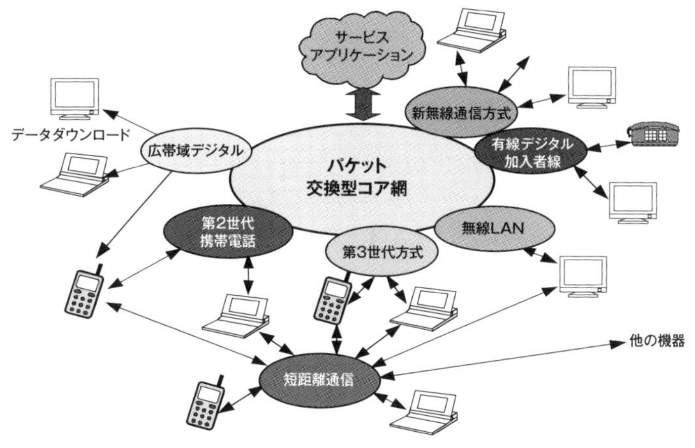

出典：ITU-R Rec.M.1645「IMT-2000検討の枠組みと全体目標」(06/2003)
(URL：https://www.itu.int/rec/R-REC-M.1645/en)

図8-12　5Gで目指していること

情報通信技術(ICT)に期待される役割

産業・生産・医療・社会インフラ　　**社会生活全般**

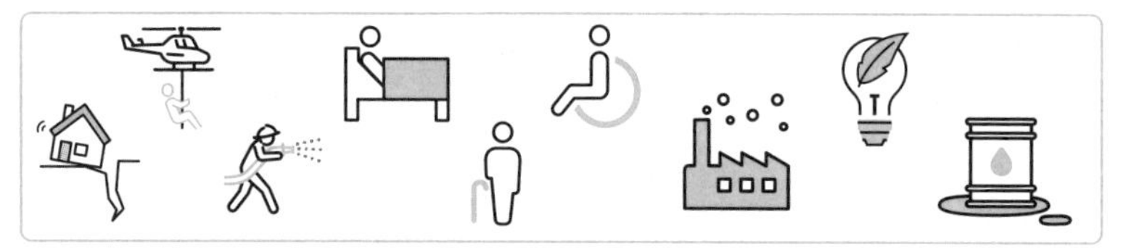

安全・安心(防災・減災)、福祉・健康増進、省エネ、環境保全

出典：「移動通信システムの進化と今後の発展」(富士通)「新たな電波利用の将来に関するセミナー (2015年2月、総務省)」

Point

- 「5Gの次」を目指した検討は始まっている
- まずは目指す世界の絵を描いてみて、そこに向かっていろいろな技術の検討、工夫をすることが大切

やってみよう

自分で使う5Gについて考える

この章では、ローカル5Gや今後の5Gの展望について解説しました。下の図は、図8-8などで述べた移動手段としての公共交通機関（バスなど）と自家用車の利用について、サービスの提供様態とサービス提供者（運転手）のスキル、利用者のリテラシーなどの観点から書いたものです。

5Gを使うことで、ますます便利に快適に、そして手軽にいろいろな情報にアクセスできるようになります。通信サービスの提供者が安全で確実なサービス提供に努めることはもちろんですが、サービスを利用する人も、情報そのものの扱いも含めて責任と自覚のある利用がとても重要になると考えられます。

便利で快適な5Gを使うとき、あなたはどんなことが大切になると考えたでしょうか。表形式の通信簿にあなたが大切と思う項目に評点（○×△など）をつけてみてください。5Gでは、これらの項目に関連する機能や性能を提供するためのさまざまなしくみが導入されています。実際に5Gを使うときには、それらのしくみの素性を思い起こして5Gを使い倒すための役に立てていただければと思います※3。

役務の提供形態（公共交通機関と自家用車の例）

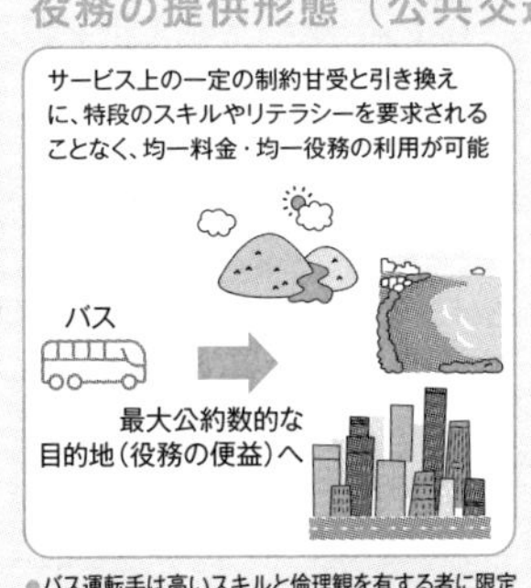

5Gを使うときのキーポイント

便利	高速	安価	新鮮	知識	感動
快適	安全	軽量	高級	技術	共感
簡単	確実	長持ち	優美	芸術	普遍

※3 5Gを使っていくうえで、そのしくみや機能をより詳しく理解したいと考えた人は、ぜひとも専門の書籍などを通して理解を深めていただければと思います。

用語集

［「➡」の後ろの数字は関連する本文の節］

A～Z

5GC （➡4-1）
5G用のコア網。

AnTuTu （➡5-10）
画面表示の速さ、ゲーム性能のテストを行った結果をスコア化するアプリケーション。

B2B2X （➡7-1）
Business-to-Business-to-Xの略。相互補完的なさまざまな企業と連携するモデル。

Beyond 5G （➡8-6）
5Gの次の世代の通信システムとして構想の検討が始まっている将来の通信方式。5Gの性能向上、機能強化に加えて、さらに一段進んだ技術の適用や新しい利用方法の検討が始まっている。

Cプレーン （➡4-4）
制御信号を取り扱う機能の層。

C/U分離 （➡4-4）（➡6-1）
通信ネットワークの中でCプレーンとUプレーンの処理を明確に分離すること。

CPU （➡5-1）
Central Processing Unitの略。ソフトウェアからの命令を高速実行する装置。

C-V2X （➡6-7）
Cellular Vehicle to Everythingの略。3GPPに準拠した自動車用の通信方式。

DSRC （➡6-7）
Dedicated Short Range Communicationsの略。

DSS （➡6-8）
Dynamic Spectrum Sharingの略。既存4G帯域へ5G基地局を導入して、周波数を共有しながらサービスを運用することを可能にする。

Dual Connectivity （➡6-1）
4Gが5G通信を補助しながら同時にデータ送受信をする技術。

Dual SIM （➡6-9）
2つのSIMを同時に動作させ、異なるサービスを使用することを可能にするサービス。

eLTE （➡6-2）
5G基地局と連携する基地局。

eMBB （➡1-10）
enhanced Mobile BroadBandの略。5Gにおける超高速通信。

eSIM （➡6-9）
初めからプロファイルを機器に組み込んで実装しておき、遠隔からの書き換えを可能にしたSIM。

GPU （➡5-1）
Graphical Processing Unitの略。画像処理に特化したプロセッサ。

HEMS （➡7-7）
Home Energy Management Systemの略。室内のさまざまな機器から収集したデータを分析して、電気製品を適切に制御して電力を節約するシステムのこと。

IMS （➡6-4）
IP Multimedia Subsystemの略。マルチメディアを統合するサービス。

IoA （➡7-3）
Internet of Abilityの略。IoTとIoHをあわせることで、モノや人が持つ多種多様な能力がネットワークを介して結ばれて、人間の能力を拡張すること。

IoH （➡7-3）
Internet of Humanの略。拍数や体重などの人の情報がインターネットを介してさまざまなサービスとつながること。

IoT （➡7-3）
Internet of Thingsの略。あらゆるモノがインターネットにつながること。

IPパケット （➡6-4）
送信元と送信先のIPアドレスなどの情報を、パケットの先頭部分に付加して送信することにより情報を届けるパケット形態。

ISP （➡5-4）
Image Signal Processingの略。カメラの映像信号を処理するプロセッサのこと。

LTE-M （➡6-6）
LTE-Machineの略。ウェアラブルのような機器向けの通信方式。

MaaS （➡7-4）
Mobility as a Serviceの略。自動車を起点にした移動に関するさまざまな新しいサービス。

MEC （➡6-5）
Mobile Edge Computing（またはMulti-access Edge Computing）の略。エッジコンピューティングの項を参照。

MIMO (➡6-1)
Multi-Input Multi-Outputの略。複数アンテナを使って送受信データを多重通信するアンテナ技術。

mMTC (➡1-10) (➡6-6)
massive Machine Type Communicationsの略。5Gにおける多数接続。IoT機器向けの大規模多数接続サービスを提供する。

NB-IoT (➡6-6)
Narrow Band-IoTの略。スマートメータのような機器管理／故障検知などに使用されるIoT通信用の通信方式。

NSA (➡4-7)
Non-Stand Aloneの略。4G用のコア網で4G用の基地局（制御信号用）と5G用の基地局（ユーザー信号用）を収容するオーバレイ（2階建て）構成。4Gと5Gの基地局が連携して通信を行う。

PING (➡6-5)
Packet Internet Groperの略。遅延特性を測定するソフト。

SA (➡4-7)
Stand Aloneの略。5G用コア網で5G用の基地局を収容する「5G独り立ち型」のセル構成のこと。

SDX (➡5-2)
SD（＝Snapdragon）、Xは特にモデム名を指し、50番以降が5Gモデム搭載チップ。

Snapdragon (➡5-2)
SnapdragonはQuacom社のSoC名。

SoC (➡5-4)
System On a Chipの略。装置やシステムの動作に必要とされるすべての機能を、1つの半導体チップに集積したもの。

Society 5.0 (➡7-6)
IoTですべてのモノと人がつながり、さまざまな知識や情報が共有され、今までにない新たな価値を生み出すことで、さまざまな課題や困難を克服し、世代を超えて互いに尊重し合い、ひとりひとりが快適で活躍できる社会。

ToFセンサー (➡5-6)
Time of Flightセンサーの略。カメラから発した信号が対象物に反射して返ってくるまで時間差を利用して画像の背景にぼかしを入れる映像加工処理の際などに利用される。

URLLC (➡1-10)
Ultra-Reliable and Low Latency Communicationsの略。5Gにおける高信頼・超低遅延伝送。

Uプレーン (➡4-4)
利用者信号を扱う機能の層。

VoLTE (➡6-4)
通信パケットを「IPアドレス」に基づいて相手に送るパケット通信方式を用い、IMSを通して音声通話を実現する技術。

VoNR (➡6-4)
Voice over NR（5G）の略。5G通信を使って音声通話をすること。

あ行

アタッチ (➡6-2)
端末の電源を入れた際などに、4G基地局から事業者コアネットワークへの登録処理を行う基本動作。

誤り検出 (➡2-10)
誤り訂正で修正できなかった誤りの検出などに利用するため、あらかじめ定めるルールに従って送信側で情報を付加し、受信側でそのルールを利用して伝送路で発生した誤まりの有無を判定（検出）するしくみ。簡易な例としては、複数の1と0の組合せで構成される情報を伝送する際に、全体の1の数が必ず偶数になるように余分に1または0を1つ付加して伝送し、受信側で1の数が奇数であった場合には伝送路で誤まりが発生したと判定するパリティ検査などが利用される。

誤り訂正 (➡2-8)
送信側であるルールに従って若干の余計な(冗長な)情報を付加して伝送し、受信側ではそのルールに従って伝送路で発生した文字の誤りを見つけて自動的に訂正するしくみ。

アレーアンテナ (➡3-5)
複数のアンテナ素子を空間的に配置し、それぞれのアンテナ素子で送受信する信号の位相（信号波形の進み、または遅れ）を調整することで、特定の方向にのみ電波を送信したり、あるいは特定の方向から到来する電波を選択的に受信したりするしくみ。

暗号化 (➡4-6)
通信の相手方以外の第三者に傍受・盗聴されても情報内容が漏えいすることのないように、通信の相手方のみが復号できる特殊なルールで伝送する符号情報（文字）を加工して伝送するしくみ。

位置情報登録 (➡4-5)
携帯電話機が移動した際に、新しい基地局（群）の電波を受信すると合図を送って自分の居場所をコア網に通知するしくみ。次に呼び出しなどが行われた際に、通知した場所の基地局（群）を通して信号が伝送される。

インターリーブ (➡2-9)
送信側で送信情報（文字）の順番の入替えを行う操作。

インダストリー4.0 (➡7-3)
IoTシステムから収集したデータを解析して、経験や勘ではなく、定量的な分析で機械や機器を制御する、あるいは機械や機器が自律的に動くことで産業を変革する取り組み。

エッジコンピューティング (➡4-8)
コア網や基地局のある場所にサーバーを置いて、携帯電話機との情報のやりとりの時間を短縮したり、カメラで撮影した高精細動画の情報をサーバーで処理したりすることで、その先の通信網に大容量の情報を伝送しなくて済むしくみ。

オーバレイ (➡3-4)
小さいサイズのセルの領域に重層的に大きいサイズのセルを重ねた構成。

折り畳み表示 (➡5-5)
ディスプレイを曲げて表示するために、通常のガラス素材に代わり、硬質フィルムや極薄ガラスを使用するスマートフォン。耐久性面が課題といわれている。

か行

ガード区間 (➡3-6)
「直交周波数分割多重」において、伝送する情報単位（1文字）と直前の情報単位（文字）との間に用意する間隔（隙間）のこと。

ガードバンド (➡3-2)
隣接する周波数（または周波数帯）の電波を利用する場合に、相互の干渉や混信を避ける（あるいは低減する）ために設ける緩衝のための周波数軸上の不使用帯域。

回線交換 (➡4-2)
通話している間だけ電話機の間を伝送路（回線）で接続する方法。

間欠受信 (➡3-7)
連続して受信動作を行うと電池の消耗が早くなるため、あらかじめ決められた間隔とタイミングで間引きしながら受信を行うこと。

キャリアアグリゲーション (➡3-2)（➡6-1）
異なる周波数同士をひとかたまりの電波（例えば20MHz幅）にして、必要な場合はそれを複数束ねて使うしくみ。情報を搬送する電波（Carrier）を束ねる（Aggregation）ことからついた呼称。

クラウドゲーム (➡5-7)
ストリーミング配信の形態でサービスを提供するゲーム。

ゲーミングスマホ (➡5-7)
ゲームに適した一定条件を満たすスマートフォン。

コア網 (➡4-1)
複数の基地局と連携しながら移動する携帯電話機との通信の管理や制御を行う携帯電話システム内の通信網。

高次変調 (➡2-5)
例えば、楽器の演奏速度を速くするなどして1小節（単位時間）に音（情報）をたくさん詰め込んで表現することに相当する通信のしくみ。単位時間当たりに多くの情報を送るためにごく短い時間に細かく電波の状態を変化させて伝送する方法。

高信頼伝送 (➡3-8)
確実な情報伝送が必要な用途に向けて、5Gで実現した伝送。高度な誤り訂正技術と短い「無線フレームの処理単位時間」を組み合わせることで、1ms以内に99.999％の成功確率で高信頼の情報伝送を実現する。

呼損 (➡4-2)
通信を始めようとしたときに回線がふさがっていてできないこと。

さ行

再送要求 (➡2-10)
誤り訂正で直せなかった情報を受信側で発見したときに、逆方向の情報伝達手段を使って送信側に「再配達（再送）」を依頼するしくみ。

最大伝送速度 (➡2-3)
携帯電話システムなどで、ある通信方式や装置が伝送可能な最も高速の伝送速度。

サブ6 (➡5-3)
6GHz以下の周波数帯。

時間分割複信 (➡2-12)
同じ周波数帯を時間で区切って上りと下りを交互に切り替えること。これにより、双方向の実効的な同時通信を実現する。

事業者コアネットワーク (➡6-2)
通信事業者が機器や利用者情報を管理し、他ネットワークと通信を仲介する中核ネットワーク。

自由視点映像 (➡7-2)
超高精細の画像で見たい視点で観戦することができる技術。

周波数 (➡2-1)
1秒当たりの電波の「振動数」のこと。電波の伝搬を歩行にたとえれば1秒当たりの「歩数」に相当する。

周波数帯 (➡2-2)
ある範囲の周波数（の電波）。同じ場所、同じ時間に同じ（または重なる）周波数帯の電波を使うと互いに干渉（混信）が発生する。

周波数帯域幅 (➡2-3)
周波数帯の両端（最大周波数と最小周波数）の周波数の差。

周波数分割複信 (➡2-12)
上りと下りに専用の周波数を割り当てて同時通信（道路にたとえればトンネルを掘って同時通行）する方法。

周波数利用効率 (➡2-3)
情報（符号列）をある伝送速度で伝送するときの伝送速度と伝送に必要な周波数帯域幅の比。周波数利用効率が高いほど、少ない周波数帯域幅で多くの情報伝送が可能。

スマートグリッド (➡7-7)
電力の効率化を行うための技術。

スマートシティ (➡7-6)
街のインフラ情報を活用して、街の整備、運用、管理を行い全体最適化がされる都市。街のインフラ情報とMyネットワークがリンクすることで、さまざまな情報を活用して、快適な暮らしができる街を作る取り組み。

スマートホーム (➡7-7)
HEMSで電力を最適化した家。

制御信号 (➡4-4)
通信の準備、維持、後片付けなどを行うために、利用者に気づかれることなくコア網と携帯電話機などの間でやりとりさせる黒子のような一連の信号の名称。

セル (➡3-3)
1つの基地局がカバー（担当）する電波の届く領域。

セル間協調 (➡3-4)
隣接するセルの間で伝搬条件の変動や携帯電話機の移動などによって混信や干渉が発生する場合、基地局同士が連携してそれぞれのセル内の情報を共有し、送信電力の調整をしたり混信しない周波数への切替制御などを行ったりするしくみ。

セルラー方式 (➡1-6)
基地局で通信する領域を面的に小分けに分担して通信するしくみ。

送信電力制御 (➡2-11)
受信機側で受信する電波が過不足ない強さで受信できるように送信側の送信電力を調整すること。

た行

帯域制御 (➡5-9)
通信速度に応じて、使用する通信帯域を増減させるしくみ。

第1世代システム (➡1-6)
初期の移動電話システム(自動車電話)。音声信号をそのまま電波で伝えるアナログ伝送方式で、位置登録、通話中ハンドオーバ（バトンタッチ）など、現在でも使われている携帯電話の基本的な機能が適用された。

第2世代システム (➡1-7)
音声信号を符号に変換して効率的に伝送するデジタル伝送方式の携帯電話システム。大容量化に伴い全国に普及するとともに、デジタルデータ通信の幕開けにもなった。

第3世代システム (➡1-8)
広帯域の高速デジタル伝送方式を採用し、初めて世界各地で共通に利用できる国際標準規格を採用したシステム。メールや写真伝送などのデジタルデータ伝送利用が一段と普及した。

第4世代システム (➡1-9)
直交周波数分割多重を適用して、広帯域･高速のデータ伝送を実現した携帯電話システム。パケット伝送方式との親和性が高く、スマートフォンの普及と相まって情報通信社会を支える社会基盤のひとつとなっている。

第5世代システム (➡1-10)
5Gと呼ばれる最新の携帯電話システム。利用シーンに応じて最大20Gbpsの超高速通信(eMBB)に加え、多数接続（mMTC)、高信頼･超低遅延接続（URLLC)の通信機能の提供が可能。

着信呼び出し (➡4-5)
特定の携帯電話機に着信やデータ伝送が発生したときに、その携帯電話機が存在する基地局（群）を介して通信開始のために行われる呼び出し信号の伝送動作のこと。また、その信号。

超多素子アンテナ (➡3-5)
多数のアンテナの素子を用いたアレーアンテナ。5Gでミリ波の周波数帯を利用する場合、電波の波長が短いことからアンテナ素子を小型化することが可能なため、多数のアンテナ素子を使って左右方向に加えて上下方向の送受信方向制御が可能。

直交周波数分割多重 (➡1-9)
複数のデジタル符号（文字）を1情報単位（文字）ごとに時間方向に長い低速データに変換したうえで周波数方向に高密度に並べて効率的に伝送する多重伝送技術。マルチパス伝搬の影響を受けにくく、安定した高速なデータ伝送が可能。

通信待機 (➡5-9)
アプリケーションを使った通信はしていないが、ユーザーがすぐに使えるように通信準備をしながら待機している状態で、電流消費が待ち受け中より大きい。

デインターリーブ (➡2-9)
受信側で元の情報順（文字順）に戻す操作。

適応変調 (➡2-6)
そのときどきの伝送路の条件に応じて最適な変調方式に切り替えて情報伝送を行うしくみ。

テザリング (➡6-3)
「tether テザー（つなぐ)」を意味して、スマートフォンと他のデバイスをローカル通信により接続して、インターネット通信を行う。

伝送路のチャネル推定 (➡2-7)
伝送路で信号が受ける干渉などによるひずみの状況を推定するしくみ。例えば、熱ムラのある電気炉の中を熱膨張する素材が通過した際のゆがみ方を調べることに相当する。

伝送路のひずみ補償 (➡2-7)
受信した信号が受けた干渉などによるひずみに対して、チャネル推定の結果などを用いて打ち消す操作。

伝搬距離 (➡2-11)
電波が伝搬する距離。周波数が高くなると伝搬距離は短くなる。

同時通信 (➡6-3)
4Gと5Gを使ってユーザーデータを通信する状態。

トラストサービス (➡7-8)
インターネット上における人・組織・データなどの正当性を確認し、改ざんや送信元のなりすましなどを防止するしくみ。

な行

認証 (➡4-6)
「本物」になりすました電話機による不正利用や盗聴を防ぐために、通信を始める際に相手が「本物」であることを確認する手続き。

熱制御 (➡5-10)
発熱が一定の基準を超えた際に低温やけどや、内部の部品破損を防ぐために温度上昇を抑える働き。

ネットワーク機能の仮想化（NFV) (➡4-10)
NFVはNetwork Functions Virtualizationsの略。汎用の機器と搭載するプログラムの組合せでそのときどきに必要となる信号処理を行うしくみ。

ネットワークスライス (➡4-9)(➡6-5)
ユーザー信号の種別ごとに層状に通信網の通信能力を切り分けて利用するしくみ。種別ごとに適したネットワーク構成を最適化し、低遅延特性のサービスや大容量通信のサービスを安定的に提供する。

は行

パケット交換 (➡4-3)
パケット通信用の伝送方式。各パケットの伝送先宛先ラベルの情報に従ってパケットごとに伝送先を切り替える方式。

パケット通信 (➡1-9)
伝送する情報の塊ごとに、宛先を示すラベルを付してひと塊のパケットと呼ぶ包みにして伝送する通信方式。

波長 (➡2-1)
電波の移動速度を周波数で割り算した電波の波の長さ。電波の伝搬を歩行にたとえれば「歩幅」に相当する。

ハンドオーバ (➡1-6)
電波で直近の基地局と通信を行っている携帯電話機が電波の届かない場所に移動したら（しそうになったら）、隣接する基地局に通話している電話機ごと短時間で自動的に「バトンタッチ」して通話を継続していく方法。

ビーム・フォーミング (➡3-5)(➡5-3)
特定方向に向かって電波を強く（あるいは弱く）送信したり、特定方向から到来する電波を選択的に（あるいは排除して）受信したりする技術。

秘密の鍵 (➡4-6)
認証や暗号化通信で利用するデジタル情報（鍵情報）。各携帯電話機とコア網がペアで保管する門外不出の情報。

符号多重伝送 (➡1-8)
多数の情報を効率よく同時に伝送するため、デジタル技術を使って複数の伝送情報符号（文字）を異なるパターンで加工（色付け）したうえで同時に（重ねて）伝送し、受信側で選択的に特定のパターンで加工された情報符号だけを取り出す多重伝送の技術。

プロファイル (➡6-9)
通信事業者との契約情報を書き込んだSIMカードを使ってネットワークとの認証を行うこと。

ま行

マイグレーションシナリオ (➡8-5)
それまでの資産を活用しながら連続的・段階的に新しい技術を導入してシステムの高度化を図るしくみ。

待ち行列 (➡4-3)
パケット通信において、伝送路が瞬間的にふさがっているときに送信用のパケットが伝送開始まで待機する場所、または待機している状態。銀行の窓口業務にたとえると、窓口が空くまでフォーク並びして待つときの行列に相当する。

マルチレンズカメラ (➡5-6)
焦点距離が異なる複数のレンズを組み合わせて、撮影画像の精細さやズーム性能を実現する構成。

マルチパス伝搬 (➡3-6)
無線通信において、送信地点から受信地点に直接届く電波（先行波）もあれば、少し離れた建物の壁面などに反射して少し遅れて届く電波（遅延波）も存在する状態のこと。

マルチメディア伝送 (➡1-8)
音声通話、文章（文字）、図（絵柄）、写真などの複数の種類の情報をまとめて伝送すること。それぞれの情報をデジタル符号化することでまとめてデジタル伝送することが可能になる。

ミリ波 (➡3-1)(➡5-3)
波長がミリ単位の高い周波数の電波。低い周波数の電波よりも直進性が強く、伝搬距離が短い。28GHz（波長10.7ミリ）も広い意味でミリ波と呼ぶことがある。

や行

ユニバーサル5G (➡1-10)
「いつでも・どこでも・誰とでも」を合言葉に発展し、全世界で大容量・高速通信を提供する5Gシステム。国内全般で均質・安定な通信サービスを提供する。

ら行

ランダムアクセス制御 (➡3-10)
秩序のある効率的な通信を行うために、携帯電話端末が通信を始めるときに電波の交通整理を行うしくみ。

リフレッシュレート (➡5-5)
画面をどれくらい頻繁に更新するかを示す指標。

ローカル5G (➡6-8)
地域や社会あるいは産業などの分野で「自分たちの5G」として使う5Gシステム。5GHz帯の300MHz幅（4.6～4.9GHz）と28GHz帯の900MHz幅（28.2～29.1GHz）を利用する。また、NSA構成の場合には2.5GHz帯を併用することが可能。

ローミング (➡6-9)
事業者同士が連携して通信する処理。

おわりに

5G（第5世代移動体通信システム）のしくみについていろいろな角度から取り上げて解説してきました。

著者の3人はそれぞれ5Gに関連する分野で技術者、あるいはサービスの企画者として日々の仕事に取り組んでいます。

5Gのしくみを教科書のように系統立てて基礎から説明するフルコースの料理形式は手に余るということもあり、日ごろの仕事の中で「5Gを使っていただく皆さんや、興味を抱いている方々に、こんなふうにお伝えできたら」と考えていたことを、やや主観的に取り上げるアラカルト方式で解説してみました。

中にはひとりよがりの不正確なたとえ話や、少し偏った観点からの説明もあったのではないかと危惧しますが、本書が専門情報や専門的な書籍にあたられる際の理解の助けとなったり、あるいは違う視点から5Gを眺めていただく機会になるのであれば望外のことと考えています。

5Gに限らず、新しい技術は取っつきにくいところがある反面、いったん便利な使い方がわかると次々と応用が進んで広く使われるようになります。一方で、影響の大きな技術やサービスであるほど、社会的な弊害の面が指摘されることもあり、社会全体で正しい使い方を探しながら適切に利用していくことがとても大事なのではないかと思います。

5Gはしくみを知らなくても使えますし、逆にしくみさえ理解すれば適正に使えるものでもないと思います。ブラックボックスとしてむやみに過大あるいは過小に評価するのではなく、5Gの等身大の利用価値を探すための材料のひとつとして本書が少しでもお役に立てればと願っています。

本書の執筆には、西村泰洋さんをはじめ、5Gのビジネスを手掛けている多くの方々にご協力いただきました。また、本書の企画から刊行まで手掛けていただいた株式会社翔泳社編集部の皆さまにも改めてお礼申し上げます。

5Gがこれからどのように使われ、役立ち、そして広がっていくのか、5Gに携わる者としてとても楽しみにしています。

2020年11月　飯盛英二、田原幹雄、中村隆治

索引

【か行】

【さ行】

【た行】

本書内容に関するお問い合わせについて

このたびは翔泳社の書籍をお買い上げいただき、誠にありがとうございます。弊社では、読者の皆様からのお問い合わせに適切に対応させていただくため、以下のガイドラインへのご協力をお願い致しております。下記項目をお読みいただき、手順に従ってお問い合わせください。

●ご質問される前に

弊社Webサイトの「正誤表」をご参照ください。これまでに判明した正誤や追加情報を掲載しています。

正誤表　https://www.shoeisha.co.jp/book/errata/

●ご質問方法

弊社Webサイトの「刊行物Q&A」をご利用ください。

刊行物Q&A　https://www.shoeisha.co.jp/book/qa/

インターネットをご利用でない場合は、FAXまたは郵便にて、下記“翔泳社 愛読者サービスセンター”までお問い合わせください。
電話でのご質問は、お受けしておりません。

●回答について

回答は、ご質問いただいた手段によってご返事申し上げます。ご質問の内容によっては、回答に数日ないしはそれ以上の期間を要する場合があります。

●ご質問に際してのご注意

本書の対象を越えるもの、記述個所を特定されないもの、また読者固有の環境に起因するご質問等にはお答えできませんので、予めご了承ください。

●郵便物送付先およびFAX番号

送付先住所　〒160-0006　東京都新宿区舟町 5
FAX番号　03-5362-3818
宛先　（株）翔泳社 愛読者サービスセンター

著者プロフィール

飯盛 英二（いいもり・えいじ）
富士通コネクテッドテクノロジーズ株式会社
ソフトウェア開発統括部 シニアプロフェッショナルエンジニア
通信モデム、モデムチップ、LTEスマートフォンの通信プロトコルソフトウェア開発を担当。MCPCモバイル技術検定委員として活動。主な著書に『5G教科書』（インプレス）、『MCPCモバイル技術検定教科書』（リックテレコム）などがある。

田原 幹雄（たはら・みきお）
富士通株式会社
フィールド・イノベーション本部 ヘルスケアFI統括部 シニアマネージャー
携帯電話システムの国際標準規格策定活動やスマートフォンの開発に従事。クラウドやIoTなど、さまざまなシステム構築に携わり、現在は医療分野におけるITコンサルタントとして活動。

中村 隆治（なかむら・たかはる）
富士通株式会社
未来ネットワーク統括部 先行技術開発室 プリンシパルエンジニア
マイクロ波通信技術、携帯電話システムなどの移動通信技術開発、国際標準規格策定活動などに従事。携帯電話の国際標準規格策定を行う3GPPにおいて、技術検討班（WG）の議長などを歴任。現在は5Gモバイル推進フォーラム技術委員会委員長代理などを務める。

装丁・本文デザイン／相京 厚史（next door design）
カバーイラスト／越井 隆
DTP／佐々木 大介
吉野 敦史（株式会社アイズファクトリー）

図解まるわかり 5G（ファイブジー）のしくみ

2020年11月 5日　初版第1刷発行
2020年12月20日　初版第2刷発行

著者　飯盛（いいもり） 英二（えいじ）、田原（たはら） 幹雄（みきお）、中村（なかむら） 隆治（たかはる）
発行人　佐々木 幹夫
発行所　株式会社 翔泳社（https://www.shoeisha.co.jp）
印刷・製本　株式会社 ワコープラネット

本書へのお問い合わせについては、190ページに記載の内容をお読みください。
落丁・乱丁はお取り替え致します。03-5362-3705 までご連絡ください。

ISBN978-4-7981-6655-1　Printed in Japan